¿CÓMO PREVENIR O CURAR EL CÁNCER?

¿CÓMO PREVENIR O CURAR EL CÁNCER?

¡Conozca los 3 Métodos Probados Contra el Cáncer!

Ohslho Shree

Número de Control de la Biblioteca del Congreso de EE. UU.:   2014906428
ISBN: Tapa Dura   978-1-4633-8210-0
               Tapa Blanda   978-1-4633-8209-4
               Libro Electrónico   978-1-4633-8208-7

La información, ideas y sugerencias en este libro no pretenden reemplazar ningún consejo médico profesional. Antes de seguir las sugerencias contenidas en este libro, usted debe consultar a su médico personal. Ni el autor ni el editor de la obra se hacen responsables por cualquier pérdida o daño que supuestamente se deriven como consecuencia del uso o aplicación de cualquier información o sugerencia contenidas en este libro.

Este libro fue impreso en los Estados Unidos de América.

Fecha de revisión: 27/10/2014

Para realizar pedidos de este libro, contacte con:
Palibrio
1663 Liberty Drive, Suite 200
Bloomington, IN 47403
Gratis desde EE. UU. al 877.407.5847
Gratis desde México al 01.800.288.2243
Gratis desde España al 900.866.949
Desde otro país al +1.812.671.9757
Fax: 01.812.355.1576
ventas@palibrio.com
524234

ÍNDICE

INTRODUCCION 9

PARTE I: CONSIDERACIONES GENERALES 13
    Breve aproximación etimológica... 15
    Los 13 mitos y creencias sobre el cáncer 16
    Definición de cáncer... 18
    Origen del cáncer.. 19
    ¿Qué son los tumores?.. 20
    Breve alusión estadística sobre el cáncer 23
    Métodos de tratamiento convencionales 26
    Efectos secundarios de los métodos convencionales 28
    Clasificación de los tipos de cáncer 32

PARTE II: SÍNTOMAS DE LOS CÁNCERES
MÁS COMUNES 35
    Síntomas generales de cáncer.. 37
    Síntomas según el tipo de cáncer 40
    Síntomas de cáncer de estómago....................................... 41
    Síntomas de cáncer de pulmón.. 42
    Síntomas de cáncer de páncreas 43
    Síntomas de cáncer de huesos 45
    Síntomas de cáncer de próstata 46
    Síntomas de cáncer de mama 47
    Síntomas de cáncer de útero.. 48
    Síntomas de cáncer de colon 50
    Síntomas de cáncer de ovarios 52
    Síntomas de cáncer de piel 54

Síntomas de cáncer de garganta 56

Síntomas de cáncer cerebral 58

Leucemia 61

Sobre la utilidad de conocer los síntomas 64

PARTE III: MEDIDAS PREVENTIVAS 67

"Más vale prevenir que lamentar" 69

No se exponga a los humos 70

Evite el sedentarismo 74

Evade el excesivo consumo de alcohol 77

Corrige tu forma de alimentación 82

Algunas medidas necesarias a tomar en cuenta 86

Otras señales a tomar en cuenta 88

PARTE IV: CÓMO CURAR EL CÁNCER CON SÁBILA 89

Testimonio 91

¿Qué es la sábila o áloe vera? 94

Composición química de la sábila 96

Propiedades y beneficios de la sábila 100

La receta anticáncer en base a áloe vera 104

Bondades y acciones de cada elemento 106

Elaboración y mantenimiento 109

Dosis adecuada para su aplicación 111

Precauciones a tomar en cuenta 114

Algunas conclusiones 115

PARTE V: COMO CURAR EL CÁNCER CON NONI 117

Testimonio 119

El noni o morinda citrifolia 121

Componentes naturales y sustancias que contiene el noni 123

El zumo anticancerígeno de noni 127

Algunas advertencias 129

Palabras finales 130

PARTE VI: COMO CURAR EL CÁNCER CON
HOJAS DE GUANÁBANA 131
    Testimonio 133
    ¿Qué es la guanábana? 135
    Propiedades medicinales del guanábano 136
    Composición química de 100g de guanábana ... 139
    Receta anticancer en base a hojas del guanábano 141
    Recomendaciones 142

PARTE VII: CONSEJOS PARA LA EFECTIVIDAD
DE LAS RECETAS 143
    Palabras previas 145
    Las 5 reglas de oro anticáncer 146
    Lo que debe preferir y evitar en su dieta cotidiana 151
    Los 11 alimentos que debe preferir y un consejo
      que debe practicar 152
    Los 10 alimentos que debe evitar en su dieta ... 160
    ¿Tiene importancia consumir las frutas y
      verduras según su color? 164
    Los 2 planes importantes para la curación del cáncer 168

CONCLUSIÓN 171

BIBLIOGRAFÍA COMPLEMENTARIA 173

INTRODUCCION

El presente libro aborda el tema del Cáncer desde la óptica de la prevención e incluso desde la perspectiva de la curación definitiva porque, el hecho en sí, atinge a los comportamientos alimenticios y los estilos de vida que cada individuo ejecuta a lo largo y ancho de su vida.

Sin duda, evitar el cáncer, no permitir que se desarrolle, resulta ser la forma más económica y más eficaz de erradicar este mal. Pero ¿cómo podemos hacerlo? ¿Cómo podemos crear un mecanismo efectivo para detener el ávido crecimiento o desarrollo de un tumor maligno en nuestro organismo?

La respuesta a ese tipo de cuestiones tiene que ver con el contenido de este libro, ya que la solución a nuestros problemas de salud no está precisamente en las cirugías y las quimioterapias cuanto en conocer qué es lo que provoca el cáncer.

De modo que, para intentar aplicar unos métodos de prevención que parecen tan importantes como difíciles de imaginar (por estar muy mentalizados con las ofertas de la medicina oficial), en el presente libro, nos remitimos al repaso breve de 3 formas eficaces de prevenir e incluso curar el cáncer con unos conocimientos experimentales (que se han hecho públicos o no) cuyas cualidades han surtido efecto en muchas personas. He ahí la razón del contenido del pequeño y gran libro: *Cómo Prevenir o Curar el Cáncer*.

De la misma manera, cualquiera sea el método a aplicar, requerirá de algo muy básico para su funcionamiento: el replanteamiento general de los comportamientos alimenticios. Esta situación nos exige ver que, de un tiempo a esta parte, principalmente debido a la "occidentalización" rápida en el consumo de los alimentos, la forma de cómo se ha ido sustituyendo los platos tradicionales por las comidas rápidas, las comidas al paso, con exceso de grasas, demasiado calóricos y con muchos carbohidratos, se han incrementado en demasía las posibilidades de padecer ciertas enfermedades crónicas que, al parecer, supera las expectativas de la medicina oficial.

Cabe también destacar que los efectos de la "occidentalización" rápida de las sociedades, ha impuesto una forma de vida estandarizada, sedentaria, con una actividad física reducida a lo mínimo donde, incluso, hacer una investigación sobre determinadas enfermedades, ya no requieren de un movimiento físico. La reducción de la actividad física a lo mínimo genera ciertamente un estilo de vida estatizado, poco dinámico, aunque el organismo en sí necesite moverse para distribuir de manera equilibrada y proporcionada los nutrientes que recibe.

Las razones antes dichas nos revelan que el cáncer, el estrés, la migraña, la diabetes, la obesidad, y otras enfermedades, están muy estrechamente relacionados con la acelerada "occidentalización" de las sociedades modernas. El desequilibrio mental y físico, la forma no proporcionada de la distribución de los nutrientes por el resto del organismo, exigen del ser humano actual un replanteamiento serio de su propio *modus vivendi* y su *modus operandi* con respecto a los beneficios que nos ofrece la naturaleza.

De modo que, convertir en nuestro firme aliado a los productos orgánicos que nos ofrece la naturaleza para disminuir la tendencia de contraer el Cáncer, es el objetivo supremo de este pequeño y gran Libro, cuya problemática es: *Cómo Prevenir el Cáncer* de forma natural o *Cómo Curar el Cáncer* haciendo buen uso de las potencialidades benéficas que nos brinda la Madre Tierra.

El libro está compuesto de siete capítulos. En el primero presentamos un bosquejo general acerca de la etimología, la definición, el origen, los tumores y los síntomas generales que presenta el cáncer. Todo esto con la única finalidad de mostrar una información más o menos completa del tema que vamos a tratar.

El segundo capítulo presenta una somera exposición de los síntomas de cáncer más comunes. La única finalidad de exponer estos síntomas es por la utilidad que puede brindar a quien está buscando cómo prevenir un determinado tipo de cáncer o cómo curarse de este mal. Asimismo, el tercer capítulo desarrolla algunas medidas preventivas concretas para las personas que quieran prevenir la enfermedad en cuestión y algunas señales de alarma que necesariamente deben ser tomadas en cuenta.

En el cuarto, quinto y sexto capítulo, de hecho, se han plasmado los 3 métodos que el enfermo oncológico, según la naturaleza de su cáncer, necesitará implementar. La garantía de cada uno de los métodos reside en que personas como usted, o como yo, quienes han sido diagnosticados de cáncer, en mayor o menor grado, han podido superar su situación gracias a la información brindada por nuestros mismos coterráneos y que se encuentran resumida en este libro.

El último capítulo trae consigo algunos consejos prácticos para el buen funcionamiento de los 3 métodos que menciona esta obra. Esos consejos prácticos tienen que ver, principalmente, con nuestra dieta cotidiana en relación a la curación o prevención del cáncer pues, las mismas, dependen de la ausencia o presencia de ciertos alimentos en nuestras comidas principales.

De la misma manera, el último capítulo, contiene algunos añadidos especiales muy importantes: por un lado, a qué hora deberán ser consumidas las frutas y las hortalizas, según su color, a fin de sacarle mayor provecho para posibilitar una vida más saludable; por otro, el plan de 3 Días de Ayuno, necesario para la limpieza y la predisposición del organismo del paciente, y el Plan Semanal Anticancerígeno que contiene una lista de productos orgánicos que deberán ser utilizados durante el tratamiento.

Finalmente, si comprendemos que nuestro comportamiento alimenticio y nuestros estilos de vida tienen mucho que ver con el desarrollo de los diferentes cánceres que nos aquejan, habremos colaborado también al objetivo de este libro y a la sanidad de nuestro organismo, por tanto, a la prevención y curación del cáncer.

PARTE I

CONSIDERACIONES GENERALES

BREVE APROXIMACIÓN ETIMOLÓGICA

La palabra 'cáncer' es un término latino que significa *'cangrejo'*, que en griego es equivalente a *'karkinos'*, lo cual además de 'cangrejo' significa *'úlcera maligna'*, según las documentaciones de Hipócrates.

En cambio, su relación con el signo zodiacal, llamado también 'cáncer', de pronto pasa desapercibida pues se reduce a que alguien es de ese signo y ya no importa lo demás.

Sin embargo hay también otras alusiones literarias helenísticas, aunque un poco primitivas, tal como aparece en los fragmentos de Juego de Tronos, donde un rey moribundo delira: "Tengo cangrejos en el vientre... Me pellizcan, me pellizcan. Día y noche. Tienen tenazas crueles..."

De ahí se puede concluir que el griego Hipócrates debió de utilizar el término 'karkinos' por la semejanza entre el dolor de los pellizcos de estos crustáceos y los dolores que provocan ciertos tumores. Aunque otras teorías apuntan a que el origen se encuentra más en la forma de dichos tumores, donde el entorno de algunas venas inflamadas se parece a las patas de un cangrejo.

Esa alusión etimológica, al parecer, suena a nada, por darnos una idea bastante tenue de lo que puede significar para cientos y miles de personas que sufren de este mal alrededor del mundo.

La ausencia de una referencia etimológica más o menos sólida, con el tiempo, fue construyendo en la mente de muchas personas una serie de mitos y creencias que convienen ser advertidos a continuación.

LOS 13 MITOS Y CREENCIAS SOBRE EL CÁNCER

La literatura de la investigación científica y los mismos investigadores, especializados en cáncer, han registrado los siguientes mitos y creencias en forma de preguntas:

1. ¿El cáncer es contagioso? El cáncer no es contagioso.

2. ¿El cáncer es siempre hereditario? No, no siempre es hereditario. El cáncer se puede adquirir mediante ciertos hábitos o adicciones que se practican. (Los cánceres hereditarios pueden ser: el de la piel, de mama, de ovario, de próstata y de colon).

3. ¿El cáncer se extiende por el resto del cuerpo debido a una cirugía o biopsia? No, no se expande. Los cirujanos tienen métodos especiales para tratar ese asunto. Tampoco se propaga por el aire.

4. Una persona que tiene cáncer ¿puede desenvolverse con normalidad entre los suyos y en su trabajo? Muchos de los que padecen cáncer, siguen desenvolviéndose normalmente. Sin embargo, esta cuestión dependerá de su estado de ánimo, del tipo de cáncer, de la etapa y del tipo de tratamiento que está recibiendo.

5. Los que padecen el mismo tipo de cáncer ¿tienen el mismo tipo de tratamiento? No, depende de las necesidades médicas de cada paciente. Es decir: depende del tipo de cáncer, el área, la extensión y el estado general del paciente.

6. ¿El dolor es siempre la premonición de que tengo cáncer? No, el cáncer se puede manifestar con o sin dolor. Por eso es recomendable hacerse una prueba de detección del cáncer.

7. ¿Los golpes que provocan moretones en los senos producen cáncer de mama? No, en realidad los médicos no pueden explicar su procedencia.

8. ¿Hacerse muchas mamografías puede producir cáncer de mama? No, pero puede tener un riesgo muy bajo. En este caso los beneficios son mucho mayores que los riesgos.

9. ¿Tomar muchos anticonceptivos puede provocar cáncer de mama? Sí, aunque en menor escala.

10. ¿Los brasieres o sostenes con varillas pueden producir cáncer de mama? No, no causan cáncer.

11. ¿Usar desodorantes y antitranspirantes pueden producir cáncer de mama? No, ninguna investigación científica ha demostrado aquello.

12. ¿Existen hierbas que curan el cáncer? Actualmente se ha demostrado que ninguna hierba cura el cáncer.

13. ¿Sigue siendo virgen una mujer después de hacerse examen de Papanicolau? La prueba de Papanicolau no afecta la virginidad.

Estos 13 mitos y creencias, dan cuenta de cuánto nos afecta y cuán mínimo es nuestro conocimiento en relación al cáncer. A menudo nos conformamos con una definición enciclopédica y no consideramos la posibilidad de cómo podemos prevenir este mal antes de caer en sus redes.

DEFINICIÓN DE CÁNCER

Cáncer es una palabra genérica que engloba a más de cien enfermedades. Más exactamente se refiere al hecho de la proliferación (reproducción) anormal e incontrolada de células que componen cualquier órgano o tejido del cuerpo.

En otras palabras, se denomina 'cáncer' al comportamiento anormal de las células del cuerpo, es decir, a la incontrolada reproducción de aquellas diminutas unidades de las cuales está compuesto nuestro organismo.

Por tanto, es preciso comprender que el 'cáncer', *per se*, y por ser una palabra genérica, engloba las distintas tipificaciones que la medicina oficial ha venido otorgándole.

ORIGEN DEL CÁNCER

Todos los cánceres empiezan en las células, es decir, en aquellas unidades básicas vitales del cuerpo. Esas unidades básicas vitales, todas juntas, según su función, forman un determinado órgano. Pero, cuando su tiempo vital se agota, justo antes de morir, se divide y da origen a una nueva célula capaz de reemplazarla. Normalmente, eso es lo que sucede.

Ese proceso controlado, normal y equilibrado de división, del envejecimiento o nacimiento –tanto de su desaparición como la aparición de otra célula nueva– concluye garantizando la sanidad de cualquier organismo.

Sin embargo, para comprender dónde se origina el cáncer será más que necesario indagar cuándo o en qué momento –esas células que normalmente justo antes de morir se dividen y dan origen a otras nuevas– se hacen cancerosas aquellas células a las cuales hacemos referencia.

Aquel proceso normal y ordenado, mencionado anteriormente, algunas veces se descontrola y se genera el desequilibrio. Así se comprende que el material genético (ADN) de una célula está sujeto al daño y a la alteración. Y, cuando esto sucede, se producen mutaciones que afectan el crecimiento y la división normal de las células.

Las mutaciones que repercuten en el crecimiento y la división de las células, explican que las unidades básicas vitales de cualquier organismo no mueren cuando deberían morir y se forman las nuevas cuando el cuerpo no las necesita. Así, las células que no han muerto aún y las que han sobrado, terminan formando una masa de tejido llamado tumor. Ahí, justo ahí, se origina el cáncer.

¿QUÉ SON LOS TUMORES?

Un tumor es cualquier alteración de los tejidos que produzca un aumento de volumen. Es un agrandamiento anormal, una protuberancia que se manifiesta en una determinada parte del cuerpo, por tanto hinchada o distendida. En sentido estricto, un tumor es cualquier bulto que se deba a un aumento en el número de células que lo componen, independientemente de que sean de carácter benigno o maligno.

Son muchos los factores que predisponen a la formación de tumores. Entre las más comunes podemos mencionar: la alimentación, la herencia, la obesidad, los desórdenes hormonales, entre otros.

Existen dos clases de tumores, unos que son cancerosos y otros que no lo son. Los cancerosos comúnmente se denominan 'tumores malignos' y los no cancerosos se llaman 'tumores benignos'.

Tumores benignos

Los 'tumores benignos' se caracterizan por formar una protuberancia o un abultamiento en un solo lugar o región del organismo. No pueden diseminarse ni invadir otras partes del cuerpo. Más bien pueden permanecer estacionarios, regresar o desaparecer por completo. Sin embargo, no pueden dejar de ser peligrosos ya que pueden crecer demasiado o pueden presionar algunos órganos vitales (como el cerebro) que comprometan su funcionamiento.

Este tipo de tumores generalmente se pueden extraer o extirpar y, en la mayoría de los casos, ocurre que una vez extirpados no vuelven a crecer. Simplemente desaparecen.

Tumores malignos

Las células en estos tumores pueden invadir el tejido a su alrededor y diseminarse (regarse) a otros órganos del cuerpo. Cuando el cáncer se disemina o se riega (se expande) desde una parte del cuerpo a otra, se llama *metástasis*.

El nombre del cáncer depende del órgano o tipo de célula donde empezó o se originó. Por ejemplo, el cáncer que empieza en el estómago se llama: cáncer de estómago; el cáncer que empezó en el páncreas se llama: cáncer de páncreas... Lo mismo sucede con el resto de las partes del cuerpo. Algunos cánceres no forman tumores, tal es el caso de la leucemia por ser un cáncer de la medula ósea (el tejido esponjoso dentro de los huesos).

Los tumores, benignos o malignos, pueden tardar años en desarrollarse, lo cual dependerá de los distintos grados de resistencia inmunológica del paciente y de la fuerza del agente cancerígeno.

De lo antedicho se concluye que, el estado reconocible más precoz del cáncer es el carcinoma *'in situ'* (en el sitio), técnicamente hablando. Éste puede permanecer estacionario, regresar o desaparecer por completo, o bien desarrollarse más y más e invadir otras zonas de su entorno.

Cuando estos tumores —macroscópicamente inapreciables por ser tan pequeños— generan una ulceración superficial de color rojo oscuro, y como aún no producen síntomas, significa que existe la posibilidad de una completa escisión o destrucción de la misma. Sus síntomas pueden ser muy leves y, asimismo, pueden pasar fácilmente desapercibidos.

Sin embargo, cuando los síntomas ya se hacen manifiestos y provocan molestias, e incluso dolores permanentes (aún éstos sean soportables), en determinadas zonas del cuerpo, podrían tratarse de síntomas de cáncer, ya no en estado de carcinoma *'in situ'* sino en una fase más avanzada.

Si la enfermedad se encuentra en estado avanzado, estamos hablando de la presencia de tumor en alguna región del cuerpo. Estos tumores inciden sin consideración tanto en mujeres como en varones de nuestras sociedades occidentalizadas.

Veamos, en lo sucesivo, algunas estadísticas importantes que anota la Sociedad Española de Oncología Médica.

BREVE ALUSIÓN ESTADÍSTICA SOBRE EL CÁNCER

La página web de la Sociedad Española de Oncología Médica, advierte una incidencia de los 4 tumores más importantes en mujeres y varones del año 2012, en comparación con el 2006.

El año 2012, respecto al 2006, en mujeres se incrementó el número de casos nuevos de cáncer de mama, colorrectal y pulmón, mientras que disminuyerón los casos de cáncer de estómago.

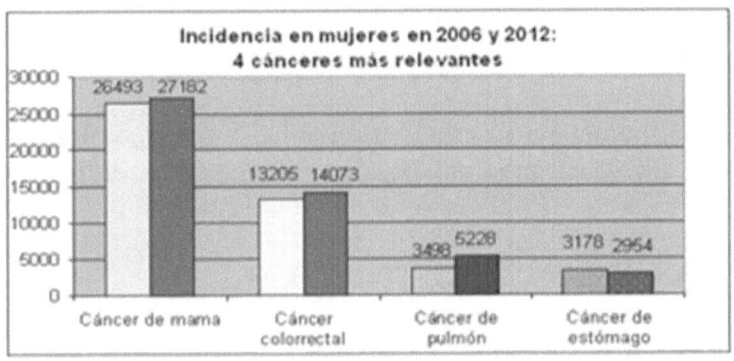

En varones también se incrementó los casos nuevos de cáncer colorrectal y se diagnosticó más casos de cáncer de próstata. Sin embargo, disminuyó discretamente el cáncer de pulmón y el gástrico.

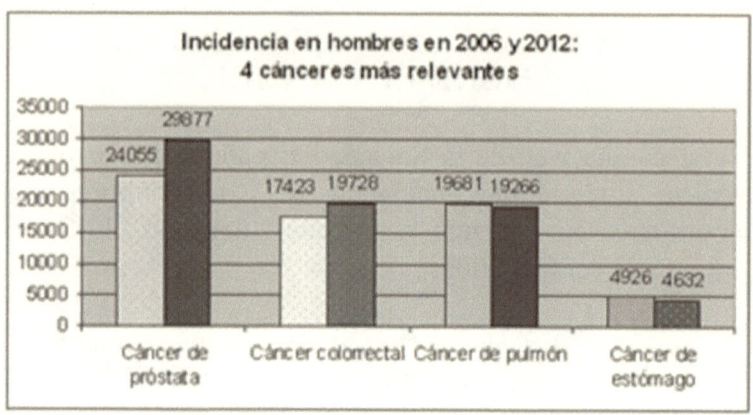

El año 2012, respecto al 2006, también advierte de forma global algunos datos estimados para los 5 cánceres más relevantes.

La incidencia de cáncer de mama, próstata, colorrectal y de pulmón, aumentó de forma general y el gástrico descendió.

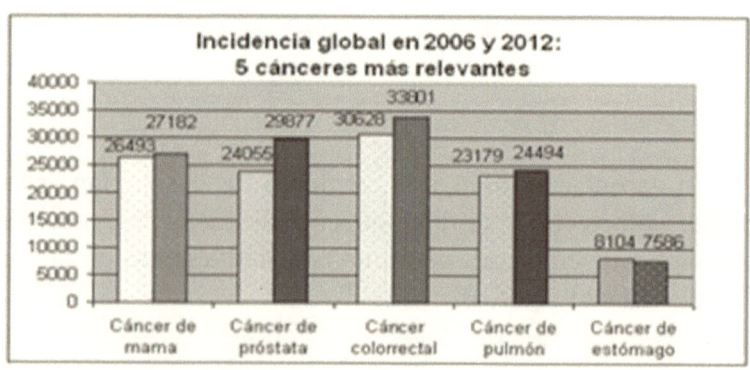

También se produjo más muertes por cáncer de mama, colorrectal y de pulmón, respecto al año 2006. Mientras que las defunciones por cáncer gástrico y de próstata disminuyeron.

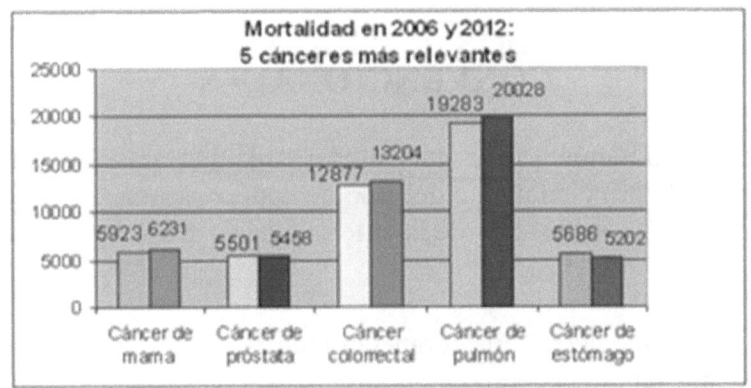

Aunque se incrementó la aparición de nuevos tipos de cáncer y disminuyó el fallecimiento de personas a causa de él, quizá debido a los avances científicos, los métodos convencionales de la medicina oficial con relación al cáncer no siempre resultaron suficientes.

MÉTODOS DE TRATAMIENTO CONVENCIONALES

El tratamiento de la enfermedad que nos importa depende principalmente del tipo de cáncer (según la región afectada) y del estadio de la enfermedad (o sea del grado de avance).

Los médicos consideran también la edad del paciente y su salud general. Con frecuencia, el objetivo del tratamiento es curar el cáncer. En otros casos, el objetivo es controlar la enfermedad o reducir los síntomas el mayor tiempo posible. El plan de tratamiento puede ir variando con el tiempo.

La mayoría de los planes de tratamiento incluyen cirugía, radioterapia y/o quimioterapia. Algunos comprenden terapia hormonal o terapia biológica. Además, se puede hacer un trasplante de células madre para que el paciente pueda recibir altas dosis de quimioterapia o radioterapia.

Algunos cánceres responden mejor a un solo tipo de tratamiento; otros, en cambio, pueden responder mejor a una combinación de tratamientos.

A los tratamientos que pueden actuar en un área específica se llama *terapia local* y a los que actúan en todo el cuerpo se denomina *terapia sistémica*.

La *terapia local* extirpa o destruye el cáncer en una sola parte del cuerpo. La cirugía para extirpar un tumor, en este caso, es una terapia local. La radioterapia para destruir un tumor o reducir su tamaño generalmente es también terapia local.

La *terapia sistémica* envía medicamentos o sustancias por el torrente sanguíneo para destruir células cancerosas en todo el cuerpo; destruye las células cancerosas que se hayan diseminado más allá del tumor original. La quimioterapia, la terapia hormonal y la terapia biológica son llamadas normalmente terapias sistémicas.

Su médico puede describirle sus opciones de tratamiento y los resultados esperados. En este caso, usted y su médico deberán trabajar juntos para decidir cuál es el mejor tratamiento para usted.

EFECTOS SECUNDARIOS DE LOS MÉTODOS CONVENCIONALES

El cáncer y el tratamiento convencional del cáncer pueden causar muchos efectos secundarios; algunos se controlan fácilmente y otros requieren atención especializada.

Entre los efectos secundarios más comunes se tiene: fatiga, náuseas, vómitos, disminución de células en la sangre, caída de cabello, lesiones en la boca, dolor, etc.

Los efectos secundarios son frecuentes ya que los tratamientos convencionales para el cáncer generalmente dañan células y tejidos sanos; obedecen básicamente al tipo y a la extensión del tratamiento; generalmente no son los mismos para todos los pacientes que reciben el tratamiento: algunos pacientes se verán afectados físicamente y otros emocionalmente. Y, esto, aún, puede cambiar de una sesión de tratamiento a otra.

Efectos secundarios físicos

En primer lugar, las personas que reciben tratamiento contra el cáncer a menudo sienten mucho *cansancio* (un cansancio que no se alivia con el descanso ni con dormir). Se trata de un cansancio que puede durar incluso meses después de haber concluido el tratamiento y aparecer lentamente o de súbito.

La persona con este tipo de cansancio puede sentirse, física y mentalmente, agotada, fatigada, debilitada o desgastada. Esas connotaciones pueden afectar su alimentación, su concentración y su relación con otros. Asimismo, pueden resultar más estresantes que las náuseas, los vómitos y el dolor.

En segundo lugar, muchas personas con cáncer sienten *náuseas y vómitos*. Ambos son leves, pero provocan molestias.

Si los vómitos son persistente pueden causar deshidratación, desequilibrio electrolítico (pérdida de minerales como el potasio y sodio), pérdida de peso y depresión.

La mejor opción frente a las náuseas y los vómitos es detenerlos antes que comiencen. Se pueden reducir cambiando la forma de comer y tomando medicamentos que alivien los síntomas.

En tercer lugar, el *dolor* es causado con frecuencia por la misma enfermedad. No obstante, puede también ser causado por los tratamientos, los estudios realizados para el diagnóstico u otras anomalías que no están precisamente relacionados con el cáncer.

Para controlar ese dolor se pueden utilizar medicamentos especiales, procedimientos, tratamientos e incluso cirugías.

En cuarto lugar, la *quimioterapia* y la *radioterapia* que provocan la caída de cabello. Este fenómeno ocurre porque éstas dañan los folículos pilosos responsables del crecimiento del cabello.

En quinto lugar, la *diarrea* que consiste en deposiciones frecuentes, líquidas o poco sólidas. Puede producirse debido a la quimioterapia, la radioterapia en la pelvis o por el cáncer mismo.

En sexto lugar, la *linfedema* en mujeres que han recibido tratamientos contra el cáncer de mama. Las mujeres que son presa de este fenómeno son propensas a correr el riesgo de inflamación del brazo, de seno y de pecho.

Efectos secundarios emocionales

En primer lugar, una persona con cáncer que se aflige, está triste, preocupada y frustrada, tiene la probabilidad de contraer, a largo plazo, una *depresión clínica*. De hecho, 1 de cada 4 personas con cáncer presentan depresión clínica.

La depresión clínica puede causar, debido a la angustia e ineficiencia en los quehaceres cotidianos que eventualmente puede imponer el cáncer, incapacidad para seguir un plan de tratamiento, pero puede ser tratada.

La persona que manifiesta estos efectos deberá buscar ayuda en forma de tratamientos y asesorías, o una combinación de ambas, efectuada por un especialista.

En segundo lugar, en algún proceso de tratamiento o recuperación, el paciente puede sentirse temeroso y ansioso. La mayoría de las personas con cáncer, al saber que el cáncer regresó o por tener la enfermedad, pueden sufrir *ansiedad* y *miedo*.

El tratamiento, las consultas médicas y las pruebas, en personas con cáncer, pueden generar temor (sensación de que algo malo está por suceder); el dolor que no pueda ser controlado, tener que morir, lo que suceda después de la muerte, incluyendo lo que les depara a sus seres queridos, puede generar miedo.

En tercer lugar, los *ataques de pánico* pueden ser un síntoma alarmante de ansiedad. Estos ocurren de forma muy repentina y a menudo llegan a su peor punto dentro de un periodo aproximado de 10 minutos.

En ese lapso de tiempo, de los ataques, puede que la persona luzca bien, aunque normalmente se sentirá temerosa de que le vuelva a suceder.

Finalmente, tratándose de manifestaciones emocionales e incluso físicas provocadas en personas con cáncer y otros males, será siempre recomendable la pronta y asidua solicitud de familiares, amistades y seres queridos, que pueden servir de ayuda para reducir las preocupaciones del paciente oncológico.

A menudo, suele suceder esto: cuando recibimos el diagnóstico de que padecemos de cáncer, no encontramos otra alternativa sino la de proceder de acuerdo con la mentalidad que profesamos. No hallamos otra alternativa porque, la mente oficial en relación al cáncer, en el transcurso de los años, ha bloqueado toda posibilidad.

Sin embargo, la batalla frente al cáncer no está perdida. Hay otra alternativa. En el afán de dar con esa alternativa, surge la idea: "que para dar con el blanco, hay que conocer el blanco". Y la forma de conocer el blanco es, precisamente, conocer –aunque brevemente– los diferentes tipos de cáncer que existen y sus síntomas.

CLASIFICACIÓN DE LOS TIPOS DE CÁNCER

Para conocer mejor los diversos tipos de cáncer, acudamos a la clasificación brindada por los expertos en la materia pues, de hecho, estos dicen: "hay más de 100 tipos diferentes de cáncer".

Los carcinomas

Son los tipos de cáncer más comunes. Se originan en los tejidos que recubren una superficie o una cavidad del cuerpo. El 85% de los tumores cancerígenos son de este tipo y se forman en las capas que cubren ciertos órganos del cuerpo.

Entre estos cánceres figuran: el de mama, pulmón, próstata e intestino grueso.

Los sarcomas

Estos comienzan en el tejido que conecta, apoya o rodea a otros tejidos y órganos.

Estos cánceres son muy raros, por formarse en los tejidos de soporte como los músculos, huesos y tejido graso. Son menos del 1% de los cánceres que existen.

Linfomas

Se refiere a los distintos tipos de cáncer del sistema linfático, del sistema circulatorio. El sistema linfático es una parte importante del sistema inmune que juega un papel fundamental en la defensa del organismo, frente a las infecciones y frente al cáncer.

Los linfomas, generalmente, se presentan en forma de bultos, no dolorosos, en sectores como el cuello, la axila, o ingles.

Leucemias

Estas afectan a los tejidos que crean la sangre y a las diferentes células que la componen. Se manifiestan como alteraciones en los órganos que producen células protectoras de las infecciones en la médula ósea (o popularmente conocida como tuétano) y el sistema linfático o en la sangre (donde se pueden acumular en grandes cantidades).

Las leucemias comprenden el 6.5% de los cánceres existentes, aproximadamente.

Tumores cerebrales

Se llaman tumores cerebrales porque comienzan en el cerebro o la médula espinal. Estos se forman debido al crecimiento anormal de células en el sistema nervioso central.

Los tumores cerebrales pueden ser benignos (los que crecen y hacen presión en las áreas cercanas al cerebro) y malignos (los que tienen la tendencia a crecer rápido y diseminarse a otros tejidos del cerebro). Ambos, pueden impedir que una determinada parte del cerebro no funcione correctamente.

Cánceres de la piel

Se llaman así porque éstos nacen en la piel y se presentan en las células basales y las escamosas. Generalmente se forman en la cabeza, la cara, el cuello, las manos y los brazos.

Existe otro tipo de cáncer más peligroso y menos común, en lo referente a la piel, que se llama: el melanoma. Este tipo de cáncer surge en personas que pasan mucho tiempo en el sol, tienen piel, cabello y ojos claros, familiar con cáncer, o tienen más de 50 años.

Como se puede observar los tipos de cáncer varían de acuerdo al lugar donde se originan. Pueden comenzar en el estómago, en la próstata, en el pulmón, en el páncreas, en los ovarios, en el sistema inmunológico, entre otros.

Sin embargo, hay una cosa que se debe tomar muy en cuenta: cada uno de esos cánceres manifiestan síntomas, éstos pueden ser primarios o avanzados. Conozcamos brevemente esos síntomas, antes de entrar de lleno en el meollo de este libro.

PARTE II

SÍNTOMAS DE LOS CÁNCERES MÁS COMUNES

SÍNTOMAS GENERALES DE CÁNCER

Usted debe saber algunos de los signos y síntomas generales del cáncer, por ejemplo: el dolor, la pérdida de peso inexplicable, la fiebre, el cansancio, cambios en la piel, entre otros.

No obstante, recuerde que tener cualquiera de estos signos o síntomas no significa que usted tiene cáncer (ya que muchas otras cosas también causan estos signos y síntomas).

Sin embargo, considere lo siguiente antes de conocerlos más ampliamente: si usted presenta cualquiera de los signos y síntomas, localizados en una región determinada de su cuerpo y son permanentes o empeoran a medida que el tiempo pasa, entonces sí, sólo entonces, puede consultar con su médico para saber la causa de ellos y en qué medida éstos pueden estar relacionados con algún tipo de cáncer.

Pérdida de peso inexplicable

La mayoría de las personas con cáncer experimentan una pérdida de peso en algún momento de su vida.

Cuando usted pierda peso sin razón aparente, de 10 libras o más, puede ser el primer signo de cáncer. Esto ocurre con más frecuencia en caso de cáncer de páncreas, estómago, esófago o pulmón.

Fiebre

La fiebre es muy común en los pacientes que tienen cáncer, aunque ocurre con más frecuencia después que el cáncer se ha propagado a los alrededores del lugar donde se originó.

Casi todos los pacientes que padecen de cáncer experimentarán fiebre en algún momento de su vida, especialmente si el cáncer o sus tratamientos afectan al sistema inmunológico (lo cual puede dificultar aún más que el organismo combata las infecciones).

Con menor frecuencia, la fiebre puede ser un signo temprano de cáncer, como por ejemplo en caso de la leucemia o el linfoma.

Cansancio

El cansancio es un agotamiento extremo que no mejora con el descanso. Si esto es lo que a usted le sucede, considere que puede tratarse de un síntoma importante de cáncer en progreso.

En algunos cánceres, como la leucemia, el cansancio puede ocurrir al principio. En otros, como en el de colon o en el de estómago, pueden causar pérdida de sangre de forma inevidente. Ésta es otra manera de que el cáncer puede causar cansancio.

Dolor

El dolor puede ser un síntoma inicial de algunos cánceres, tales como el cáncer de los huesos o el cáncer testicular.

Un dolor de cabeza que no desaparece, o que no se alivia, con un tratamiento para ese tipo de mal, puede ser un síntoma de un tumor cerebral. Asimismo, un dolor de espalda puede significar un síntoma de cáncer de colon, recto u ovario.

El dolor, debido al cáncer, frecuentemente, suele significar que el mal ya se propagó del lugar donde se originó (metástasis) a otro. Pero esto sucede sólo cuando se trata de cáncer.

Cambios en la piel

Junto con los cánceres de piel, otros cánceres pueden causar cambios en la piel de forma manifiesta.

Entre estos signos y síntomas se incluyen: oscurecimiento de la piel (hiperpigmentación); coloración amarillenta de la piel y de los ojos (ictericia); enrojecimiento de la piel (eritema); picazón (prurito) y crecimiento excesivo de vellos.

Estos signos que acabamos de describir pueden estar relacionados con otras enfermedades y no precisamente con cáncer. Sin embargo, debemos tomar en cuenta que, si se trata de cáncer, el dolor, la pérdida de peso inexplicable, la fiebre, el cansancio y los cambios en la piel, serían persistentes. Se trataría en realidad de un cáncer mucho más avanzado.

No obstante, describamos a continuación algunos síntomas más comunes según el tipo de cáncer, es decir, según la región dónde se encuentra localizada la enfermedad.

SÍNTOMAS SEGÚN EL TIPO DE CÁNCER

Los síntomas generales de cáncer nos dan alguna pista más o menos aproximada. Sin embargo, en este apartado ampliaremos este bosquejo haciendo una breve descripción de algunos síntomas según el tipo de los cánceres más comunes.

Es evidente que no vamos a pretender abarcar todos los síntomas, ya que tendríamos que hacer una enciclopedia si intentamos aquello, pues existen muchos tipos de cáncer. Sin embargo, en este libro nos ocuparemos de los siguientes: de los síntomas de cáncer de estómago, pulmones, piel, páncreas, huesos, próstata, mama, útero, colon, ovarios, garganta, cerebro, leucemia, entre las más comunes.

Debido a la atingencia de estos temas con nuestro cuerpo, intentaremos exponer esos síntomas lo más resumido posible para que el paciente de cáncer, o los familiares del mismo, puedan ubicarse rápidamente en el presente libro a fin de procurar su prevención o su probable curación.

Hemos dicho ya, y reiteramos, si el tumor canceroso es detectado de forma prematura, los métodos que usted conocerá más adelante, aplicados al pie de la letra, serán eficientes a la hora de tratar esta enfermedad mortal.

Teniendo claro este cometido, anotemos y conozcamos esos síntomas según los tipos de cáncer, causados por diversos factores como dietéticos, virales, etiológicos, químicos, genéticos, ambientales, entre otros.

SÍNTOMAS DE CÁNCER DE ESTÓMAGO

Se llama cáncer de estómago, o carcinoma gástrico, porque las células cancerosas se encuentran en los tejidos de este órgano. Esta enfermedad afecta a personas que tienen más de 65 años.

El riesgo de padecer cáncer de estómago aumenta cuando la persona tiene: inflamación constante del estómago, es de sexo masculino, fuma mucho, antecedentes familiares con cáncer de estómago, come abundantes alimentos salados, ahumados y encurtidos.

No obstante, el riesgo aumenta más cuando el paciente tiene infección por '*Helicobacter pylori*', una bacteria que infecta el epitelio gástrico humano. Ésta infección puede provocar úlcera y gastritis en el estómago del afectado.

El cáncer de estómago puede causar los siguientes síntomas primarios: indigestión, malestar estomacal o acidez estomacal, náuseas y pérdida de apetito y cansancio.

Cuando el cáncer está más avanzado, el paciente puede sentir indicaciones como: sangre en sus excrementos o éstos pueden ser negros, hinchazón después de comer, incluso después de haber comido un poquito, tener vómitos después de las comidas, pérdida de peso no deseado, dolor de estómago después de las comidas, debilidad y fatiga

Sin embargo, muchos síntomas parecidos o iguales pueden ser causados por otras enfermedades. Por eso, para determinar la causa de estas señales, especialmente si son persistentes, deberá acudir a su médico. Normalmente, mientras más pronto sea detectado mayor será la probabilidad de curarlo.

SÍNTOMAS DE CÁNCER DE PULMÓN

Se llama cáncer de pulmón a aquellos inconvenientes que se generan, precisamente, en los pulmones. Los pulmones son los dos órganos que se encuentran en el tórax del cuerpo humano, cuya función esencial es ayudar a respirar.

El cáncer pulmonar es común en personas adultas y son poco comunes a personas que tienen menos de 45 años. Uno de los causantes más destacados de este tipo de cáncer es el consumo de tabaco.

Existen dos tipos de cáncer pulmonar:

○ **Cáncer pulmonar de células no pequeñas**, es decir, se trata del tipo más común de cáncer.

○ **Cáncer pulmonar de células pequeñas**, es decir, aquel que está compuesto de 20% de todos los carcinomas broncopulmonares.

Existen cánceres compuestos de los dos tipos y, por eso, se denominan **mixtos**, es decir, compuesto de células grandes y pequeñas.

Cuando un cáncer comienza en otra parte del cuerpo y después se disemina por la región de los pulmones se llama: *cáncer metastásico al pulmón*.

Ahora bien, dadas las pistas necesarias, citemos algunos síntomas más comunes de cáncer de pulmón: tos que no desaparece o tos con sangre, dificultad al respirar, sibilancias (emitir sonidos tanto al inhalar como al exhalar aire), dolor torácico, inapetencia, pérdida de peso involuntario y fatiga.

SÍNTOMAS DE CÁNCER DE PÁNCREAS

El páncreas es una glándula localizada detrás del estómago y por delante de la columna. Se ocupa de producir jugos que ayudan a descomponer los alimentos y hormonas que ayudan a controlar los niveles de azúcar en la sangre.

Ahora bien, el cáncer de páncreas o cáncer pancreático es un tumor maligno que se origina en la glándula pancreática. De ahí su nombre: cáncer de páncreas.

A menudo, se suele decir que el cáncer es una *enfermedad silenciosa*: primero, porque solo se manifiesta en su fase más avanzada y no así durante las primeras etapas de su desarrollo; segundo, porque cuando sus signos se presentan, son similares a los signos de muchas otras enfermedades; y tercero: por estar oculto detrás de otros órganos como el estómago, el intestino delgado, el hígado, la vesícula biliar, el bazo y los conductos biliares.

Algunos factores que influyen en el aumento de riesgo para el desarrollo de este cáncer, son: fumar cigarrillos, tener diabetes por mucho tiempo, padecer pancreatitis crónica y tener algunos trastornos hereditarios.

Los síntomas que ocasionan el cáncer de páncreas, en su estado avanzado, son: la ictericia (coloración amarillenta de la piel y el blanco de los ojos), el dolor en la parte superior o media del abdomen y la espalda, la pérdida de peso inexplicable, la pérdida de apetito y la fatiga.

Una persona, en etapa avanzada de esta enfermedad, puede experimentar todos esos síntomas (antes mencionados) además de ascitis y coágulos de sangre. La *ascitis* es la acumulación anormal de líquido en la cavidad abdominal. Los *coágulos de sangre* se forman comúnmente en las piernas y fácilmente pueden pasar desapercibidos.

Finalmente, aquellos síntomas como la fatiga, la debilidad, los problemas digestivos y la depresión, pueden presentarse en cualquier momento si la enfermedad ya está avanzada.

SÍNTOMAS DE CÁNCER DE HUESOS

Comúnmente el cáncer de huesos no se origina en el hueso mismo donde es notado, sino a causa de la diseminación desde otras partes del cuerpo.

Existen tres tipos de cáncer de hueso:

○ *Osteosarcoma*. Se desarrolla en los huesos que están en crecimiento (entre 10 y 25 años de edad).

○ *Condrosarcoma*. Este cáncer comienza generalmente en un cartílago (después de los 50 años). Raros son los casos en que se manifiesta antes de los 50 años.

○ *Sarcoma de Ewing*. Éste comienza en el tejido nervioso de la médula ósea de las personas jóvenes (menores a 30 años), comúnmente después de un tratamiento por otra afección con radiación o quimioterapia.

Los síntomas varían según la localización y el tamaño del tumor. Entre ellos se destacan: dolor agudo en los huesos (de una intensidad tal que es capaz de despertar al paciente en medio de la noche, cuando está profundamente dormido), dificultades para respirar, dolor en la zona del tumor, fracturas óseas, fatiga, pérdida de peso inexplicable, anemia, fiebre, inflamación o protuberancia en la zona del tumor.

Cuando los tumores se presentan en la zona de las articulaciones, o cerca de ellas, pueden causar inflamación o sensibilidad en el área afectada. Además, pueden interferir en el normal movimiento de los huesos y, en otros casos, conducir a que haya fracturas.

SÍNTOMAS DE CÁNCER DE PRÓSTATA

Los síntomas del cáncer de próstata los sienten, con frecuencia, los varones mayores. Son diversos los factores que influyen en la aparición de aquellos síntomas, además de los genéticos y dietéticos.

Como siempre, la detección y el tratamiento tempranos aumentan las perspectivas de curación. Además, el cáncer de próstata es un tipo de cáncer que crece lentamente.

Entre los síntomas de cáncer de próstata, tenemos: dificultad al orinar, disminución del calibre o interrupción del chorro urinario, aumentos de la frecuencia de la micción (especialmente por la noche), dolor o ardor durante la micción (expulsión de la orina), presencia de sangre en la orina o en el semen, dolor permanente en la espalda, eyaculación dolorosa, dolor en las caderas o la pelvis.

Estos síntomas de cáncer de próstata se pueden diagnosticar mediante lo siguiente: tacto rectal (se refiere a la inserción de un dedo enguantado por el recto, palpando así la superficie de la próstata a través de la pared del intestino), antígeno específico de próstata (se refiere a la proteína que produce la próstata y que puede elevarse cuando el cáncer está presente) y punción/biopsia de próstata (se refiere al proceso por el cual se examina microscópicamente una muestra de tejido extraído del área afectada).

Por supuesto, si existe el cáncer, se deberán tomar en cuenta otros tipos de procedimiento para su diagnóstico, tales como las radiografías, pruebas de laboratorio y procedimientos computarizados de radiología, que serán útiles para determinar el grado de la enfermedad.

SÍNTOMAS DE CÁNCER DE MAMA

Se llama cáncer de mama porque las células cancerosas se desarrollan en los tejidos de la mama o el seno.

La glándula mamaria está compuesta de varios racimos de lóbulos y lobulillos conectados mediante unos conductos delgados. Cuando en estos conductos se desarrolla el cáncer, se llama: '*cáncer ductal*'; y cuando se desarrolla en otra región de la mama, se denomina: '*carcinoma lobular*'.

De lo antedicho se concluye que los factores que predisponen a contraer el cáncer de mama, pueden ser: por *transmisión hereditaria* (entre 5% a 10% de los casos de cáncer de mama); *por uso de anticonceptivos hormonales* (generalmente).

Por tanto, la detección precoz de este tipo de cáncer presupone dos caminos: la autoevaluación de las mamas (periódicamente) y la mamografía que ayudará a la detección de pequeños tumores que la autoexploración no podrá advertir.

Entre los síntomas que se deben tomar en cuenta, tenemos: aparición de un bulto en las mamas o debajo del brazo (axila), endurecimiento o hinchazón de una parte de las mamas, irritación o hundimientos en la piel de las mamas, enrojecimiento o descamación en el pezón o las mamas, hundimiento del pezón o dolor en esa zona, secreción del pezón (que no sea leche, incluso de sangre), dolor en cualquier parte de las mamas, además de cualquier cambio en el tamaño o la forma de las mismas.

Algunos de estos signos también pueden aparecer debido a otras enfermedades no relacionadas con el cáncer. Por eso será imprescindible hacer una consulta con el médico para saber de qué se trata.

SÍNTOMAS DE CÁNCER DE ÚTERO

El útero es el órgano hueco, en forma de pera invertida, donde se desarrolla el feto. El cuello o cérvix uterino es una abertura que conecta el útero con la vagina (el canal de nacimiento).

Los tejidos del cuello o cérvix uterino son las regiones donde se alojan las células cancerosas. Pero en realidad, ocurre que los tejidos normales del cuello uterino pasan por un proceso conocido como 'displasia' (degeneración de células normales) y aparecen las células anormales.

Entre los síntomas de cáncer de útero más conocidos, se tiene: sangrado o descarga que no esté relacionada con la menstruación, dificultad o dolor al orinar, dolor durante el coito y dolor en la zona pélvica.

Se debe tomar en cuenta que el primer síntoma de cáncer de útero, en el 90% de los casos, es siempre el sangrado anormal. Sin embargo, aún no se sabe con exactitud la causa.

No obstante, el riesgo de tener el cáncer de útero para una mujer es mayor si su cuerpo produce una cantidad muy grande de una hormona llamada estrógeno y ya ha pasado la menopausia. El alto nivel de estrógeno no aumenta el riesgo de cáncer por sí mismo. El riesgo sólo aumenta cuando el cuerpo no produce la suficiente cantidad de otra hormona llamada progesterona. Después de pasar por la menopausia, la progesterona del cuerpo disminuye o desaparece. En general los niveles de estrógeno también disminuyen considerablemente.

Algunos ejemplos de condiciones que producen altos niveles de estrógeno, sin suficiente progesterona, son: obesidad (tener sobrepeso), antecedentes de infertilidad o falta completa de embarazos, comienzo de menstruación a temprana edad o menopausia tardía, síndrome de ovario policístico, tumores del ovario que producen mucho estrógeno y el uso de hormonas con estrógeno como terapia de reemplazo de estrógeno sin haber añadido progesterona.

Entre otros factores relacionados con un aumento del riesgo de cáncer del útero, figuran: tratamiento del área de la pelvis con radiación, una combinación de alta presión sanguínea, diabetes y obesidad, comienzo de los periodos menstruales a una edad temprana, haber tenido antes cáncer del seno o cáncer de ovario, y haber recibido tratamiento con tamoxifeno para el cáncer de mama.

SÍNTOMAS DE CÁNCER DE COLON

El cáncer de colon es un tipo de cáncer bastante común. Se localiza en la porción intermedia y más larga del intestino grueso. La zona del colon y el recto, son las que almacenan las heces, antes de su expulsión a través del ano. Por tal motivo, acumula sustancias de desecho, lo que lo convierte en una zona expuesta a la aparición de cánceres.

Un elemento que reduce los riesgos, es la reducción del tiempo de acumulación al mínimo, para lo que es necesario, una dieta equilibrada que facilite el tránsito intestinal.

Las causas de la aparición de cáncer de colon tienen que ver con la edad (después de los 50 años), la dieta (pobre en fibras y rica en grasas), disposición genética (que un familiar ya tuvo este tipo de cáncer), historial médico (aquellos que padecen pólipos de colon o recto, colitis, cáncer de mama, de útero, ovarios) y estilo de vida (obesidad, sedentarismo, tabaquismo, alcoholismo).

El cáncer de colon comienza generalmente por la formación de un pólipo de carácter benigno, cuya evolución puede durar muchos años. Por lo que los síntomas suelen producirse en la etapa avanzada. Entre ellos citamos: cambios en el ritmo intestinal, diarrea o sensación de vientre lleno, estreñimiento, sangre en las heces, cambio en la consistencia de las heces, dolor o molestia abdominal (en la parte baja), pérdida de peso sin razón aparente, pérdida del apetito, vómitos y cansancio permanente.

Como algunos tipos de cánceres de colon se originan en la formación de pólipos, la detección precoz y su extirpación, pueden prevenir la aparición de esta enfermedad. El control periódico de los pacientes con antecedentes familiares, ayuda al diagnóstico y al tratamiento precoz.

SÍNTOMAS DE CÁNCER DE OVARIOS

Los órganos reproductores femeninos se llaman ovarios. Al cáncer que comienza allí se denomina 'cáncer de ovarios'. Esta enfermedad suele presentarse en mujeres mayores de 50 años, aunque también puede afectar a mujeres jóvenes.

El cáncer de ovarios es difícil de detectar con anticipación. Por lo que los síntomas que esta enfermedad manifiesta son leves y varían de acuerdo a cada paciente.

Algunos de los síntomas leves que muestran las mujeres que padecen esta enfermedad son hinchazón abdominal o distensión abdominal, malestar abdominal generalizado, saciedad precoz, falta de apetito, dispepsia, malestar general, cambios en la frecuencia urinaria o el cambio de peso (ya sea ganancia o pérdida). Las mujeres pueden desarrollar *ascitis* inexplicable (líquido en la cavidad abdominal), que contribuye al dolor abdominal. Dado que estos síntomas no son exclusivos del cáncer de ovario, la enfermedad puede ser difícil de identificar y diagnosticar.

Por lo tanto, cabe señalar que el cáncer de ovarios con frecuencia no muestra signos o síntomas claros sino hasta etapas avanzadas de su desarrollo.

Entre los signos y síntomas de cáncer ovárico podemos mencionar: malestar general abdominal y/o dolor, gases, indigestión, presión, hinchazón, distensión abdominal o calambres.

También puede causar náuseas, diarrea, estreñimiento o ganas frecuentes de orinar, aumento o pérdida del apetito, sensación de saciedad incluso después de una comida ligera, aumento de peso o pérdida sin razón conocida.

Asimismo, el cáncer de ovario puede emitir señales como sangrado anormal de la vagina, periodos menstruales anormales, dolor de espalda que empeora sin explicación, sensación de peso en la pelvis y dolor en la parte baja del abdomen.

El cáncer ovárico suele presentarse en mujeres que no han gestado nunca o a lo más dos veces. En cambio, en las multíparas se desarrolla –generalmente– muchos años después del último embarazo.

SÍNTOMAS DE CÁNCER DE PIEL

El cáncer de piel es el crecimiento descontrolado de células cutáneas anormales, que pueden expandirse a otros tejidos y órganos, si no se tratan.

Es también un conjunto de enfermedades '*neoplásicas*' de diferente etiología, cuyo elemento común es su localización en la piel.

Este grupo de tumores cancerosos comprende todos los tipos de cáncer de la piel, exceptuando al melanoma maligno, que es un cáncer que se desarrolla a partir de los '*melanocitos*'.

Entre los factores de riesgo de aparición de cáncer de piel están: pasar mucho tiempo expuesto al sol o haber sufrido quemaduras de sol; uso de lámparas y cabinas bronceadoras; tener piel blanca, cabellos y ojos claros; exposición a ciertos productos químicos (como arsénicos, parafina, brea industrial, hulla, ciertos aceites); exposición a radiaciones; inflamaciones graves o prolongadas de la piel; exposición a los rayos ultravioletas; tener un familiar con cáncer de piel; tener más de 50 años de edad.

El cáncer de piel puede manifestarse a través de distintas marcas en la piel como manchas, protuberancias que aumentan de tamaño a lo largo de los meses, úlceras que no sanan antes de los tres meses.

- o *Carcinoma de células basales*: son áreas de color rojo, planas y escamosas, o pequeñas áreas cerosas, translúcidas y brillantes, que ocasionalmente pueden sangrar con una lesión menor. Puede haber vasos sanguíneos irregulares visibles, o presentar áreas de color azul, café o negro.

○ *Carcinomas de células escamosas*, pueden presentarse como protuberancias crecientes, de superficie áspera o plana, como manchas rojizas de la piel, que crecen lentamente. Estos tipos de cáncer de piel pueden aparecer como áreas planas que no muestran casi cambios respecto de la piel normal.

○ *Sarcoma de Kaposi*, en general comienza como una zona pequeña morada que luego se convierte en un tumor.

○ *Micosis fungoide*, similar a una erupción al comienzo, que suele aparecer en los glúteos, las caderas o la parte baja del abdomen. Puede confundirse con alergia u otra irritación.

○ *Tumores de los anexos*, aparecen como protuberancias dentro de la piel.

○ *Sarcomas de la piel*, se manifiestan como grandes masas ubicadas debajo de la piel. Tumores como el de células de Merkel, aparecen como nódulos rojo púrpura, o como llagas localizadas en la cara o en los brazos y piernas.

Es importante que el paciente mismo se autoexamine una vez al mes frente al espejo y de cuerpo entero. El examen debe abarcar también las palmas de las manos y las plantas de los pies, la región lumbar y la parte posterior de las piernas.

SÍNTOMAS DE CÁNCER DE GARGANTA

El cáncer de garganta es uno de los cánceres más comunes, aunque detectado a tiempo las expectativas de curación son del 90%. Comienza en la zona de la garganta y se extiende hasta las cuerdas vocales, la laringe, el esófago, la parte baja del cuelo, etc.

Una vez que sale de las áreas más comprometidas con la garganta y se extiende por otros órganos del cuerpo el pronóstico se complica más, de allí la importancia de detectarlo a tiempo y detener su avance.

Un factor de riesgo importante en este tipo de cáncer son los hábitos y factores ambientales. Y, como la mayor parte de los pacientes de este tipo de cáncer son varones mayores de 50 años, la eliminación del consumo de tabaco, alcohol y el uso de protección durante el sexo oral, serán imprescindibles para prevenirlos. Además el Virus de Papiloma Humano o VPH es uno de los principales causantes de este tipo de cáncer.

Los principales síntomas del cáncer de garganta son: pérdida de la voz o ronquera persistente (que no mejora tras 1 ó 2 semanas de tratamiento), tos constante, dolor en la garganta (que, incluso después de tomar medicamentos, no mejora en 1 ó 2 semanas), dolor y molestias en el cuello que pueden venir acompañadas de bultos en el área (debido a propagación de cáncer a los ganglios linfático-adyacentes).

Se consideran también como síntomas de cáncer de garganta ciertas toses que pueden venir acompañadas de sangre; en ocasiones, pueden aparecer dificultades al respirar, sonidos extraños al inhalar y exhalar el aire (lo que puede producir fatiga y cansancio) y, en casos más avanzados, pueden aparecer también dificultades al tragar el bolo alimenticio y la presencia de pérdida de peso inexplicable.

Un importante número de casos de cáncer de garganta se complica por no ser detectados a tiempo, de allí la importancia de disminuir o eliminar los factores de riesgo, realizar chequeos de salud completos una vez al año y acudir al médico ante cualquier señal o posible síntoma.

SÍNTOMAS DE CÁNCER CEREBRAL

El cáncer cerebral, llamado también 'tumor cerebral', es la manifestación de un abultamiento en la región del cerebro o también en la médula espinal. Cuando en una de estas regiones se forma un tumor, cuyas células crecen incontrolablemente, se puede hablar de la gestación de un tumor cerebral canceroso.

Pero, para explicarnos mejor dividiremos los tumores cerebrales en dos tipos principales:

○ *Tumores benignos* son incapaces de esparcirse más allá del cerebro. Normalmente, los tumores benignos en el cerebro no requieren de tratamiento y su crecimiento es autolimitado. Algunas veces pueden provocar problemas debido a su ubicación y puede requerir cirugía o radiación.

○ *Tumores malignos* típicamente son llamados cáncer cerebral. Estos tumores se pueden esparcir fuera del cerebro; por lo general, crecen rápidamente e invaden los tejidos que se encuentran en su entorno. Los tumores cerebrales malignos no suelen diseminarse a otras partes del cuerpo, pero pueden reaparecer después del tratamiento. Se dividen en dos categorías:

• *Cáncer cerebral primario*, aquél que se origina en el cerebro.

• *Cáncer cerebral secundario o metastásico*, aquél que comienza en otra región del cuerpo y después pasa al cerebro.

Ahora bien, el cáncer de cerebro sucede cuando las células del cuerpo (en este caso, las células neuronales) se dividen sin control ni orden. Normalmente, las células se dividen de una manera regulada. Pero si las células se siguen dividiendo incontrolablemente, cuando no se necesitan nuevas células, se forma una masa de tejido, llamado abultamiento o tumor.

Los síntomas del cáncer del cerebro dependen de factores como tamaño del tumor, tipo y ubicación; cuando el tumor presiona un nervio o lesiona una parte del cerebro; cuando éste bloquea el flujo del fluido cerebroespinal, el cual fluye alrededor del cerebro; y cuando el cerebro se inflama debido a la acumulación de ese fluido.

Entre los síntomas más comunes de los tumores cerebrales podemos observar: náuseas y vómitos; dolor de cabeza, usualmente peor en las mañanas; cambios en la forma de hablar, en la visión o en la capacidad de oír; cambios de estado de ánimo, de la personalidad o en la capacidad de concentrarse; problemas con el equilibrio o al caminar; contracciones involuntarias de los músculos, incluyendo convulsiones; problemas con la memoria; hormigueo o adormecimiento en los brazos o las piernas

Estos síntomas pueden ser causados por un tumor cerebral, benigno o maligno, pero también pueden surgir debido a otros problemas de salud. Sin embargo, no se descarta la influencia de otros factores que pueden aumentar el riesgo de padecer este cáncer: por ejemplo, la dosis alta de radiación (terapia aplicada a la cabeza); la historia familiar del paciente (que algún miembro padezca de algún tumor cerebral); el uso excesivo de teléfono celular, haber sufrido una lesión en la cabeza, exponerse a ciertos químicos en el trabajo y estar mucho tiempo en campos magnéticos.

No obstante, hasta ahora los últimos estudios no han indicado que haya una relación causa-efecto entre lo que acabamos de exponer y los tumores cerebrales. Pero, conviene considerarlos.

LEUCEMIA

El término 'leucemia' incluye a un grupo de cánceres que empiezan en las células hematopoyéticas de la médula ósea.

La leucemia conduce a un aumento incontrolable del número de glóbulos blancos inmaduros (llamados también blastocitos). Con el tiempo, estos blastocitos cancerosos llenan la médula ósea e impiden que se produzcan glóbulos rojos, plaquetas y glóbulos blancos maduros (leucocitos) saludables.

Cuando estos blastocitos cancerosos se proliferan incontrolablemente, la víctima comienza a presentar síntomas potencialmente mortales. Por eso, para una mejor visión, las leucemias se dividen en dos tipos mayores:

○ *Agudas*. Estas progresan rápidamente con muchos glóbulos blancos inmaduros.

○ *Crónicas*. Estas, en cambio, progresan más lentamente y tienen glóbulos blancos más maduros.

Estas, a su vez, se dividen en otros tipos específicos de leucemia:

○ *Leucemia linfocítica aguda (LLA)*. En un cáncer de crecimiento rápido. El cuerpo que padece dicho cáncer produce una gran cantidad de glóbulos blancos inmaduros (células, llamados: linfocitos). Estas se encuentran en la sangre, la médula ósea, los ganglios linfáticos, el bazo y otros órganos.

○ *Leucemia mielógena aguda (LMA).* Este cáncer comienza dentro de la médula ósea, en el tejido blando del interior de los huesos que ayuda a formar las células sanguíneas. Crece a partir de las células que normalmente se convierten en glóbulos blancos.

Nota: Generalmente ocurre alrededor de los 65 años y es más común en hombres que en mujeres.

○ *Leucemia linfocítica crónica (LLC).* Un tipo de cáncer que se desarrolla a partir de los glóbulos blancos llamados linfocitos. Afecta principalmente a los adultos. La edad promedio de un paciente con este tipo de leucemia es de 70 años y, rara vez, se observa en personas menores de 40 años.

Nota. La enfermedad es más común en los judíos de ascendencia rusa o de Europa del Este y es poco frecuente en personas asiáticas.

○ *Leucemia mielógena crónica (LMC).* Es un cáncer que comienza dentro de la médula ósea, el tejido blando en el interior de los huesos que ayuda a formar las células sanguíneas. El cáncer crece a partir de las células que producen los glóbulos blancos. Ocurre casi siempre en adultos y en niños

○ *Leucemia de células pilosas.* Es una enfermedad rara y es causada por la proliferación anormal de células B, las cuales presentan una apariencia "vellosa" bajo el microscopio, ya que tienen proyecciones finas que salen de su superficie.

Los síntomas generales que presentan estos cánceres leucémicos son similares a los de otras enfermedades, pero con la diferencia de que estos se tornan más persistentes y graves.

Entre los síntomas que los pacientes destacan, tenemos: tez pálida, debilidad, fatiga crónica, dificultad para respirar, anemia, fiebre sin motivo, contusiones con facilidad, sangrado excesivo después de lesiones, infección recurrente, dolor en las articulaciones y los huesos, tamaño aumentado de los ganglios linfáticos, el hígado y el bazo.

Si usted siente alguno de estos síntomas, y que son persistentes o se repiten, no dude en consultar con su médico, para recabar un diagnóstico exacto a cerca de lo que tiene.

SOBRE LA UTILIDAD DE CONOCER LOS SÍNTOMAS

La detección precoz del cáncer puede salvarle la vida, ya que (mientras se mantiene pequeño y cuando es menos probable que se haya propagado hacia otras partes del cuerpo) puede ser prevenido de modo efectivo. Esto significa que existe una mejor probabilidad de cura, especialmente si el cáncer se puede remover mediante cirugía, aunque esta posibilidad es sumamente riesgosa porque un porcentaje muy pequeño ha logrado sobrevivir.

Un buen ejemplo de la importancia de encontrar el cáncer en estado primario es el melanoma (cáncer de piel). Este cáncer de piel puede ser fácil de remover si no ha crecido profundamente en la piel.

La tasa de supervivencia a 5 años (porcentaje de personas que viven al menos 5 años después del diagnóstico) es de aproximadamente 97%. Una vez que el melanoma se ha propagado a otras partes del cuerpo, la tasa de supervivencia a 5 años baja a menos del 20%.

A veces se suele ignorar los síntomas, ya porque son leves o porque no interfieren considerablemente en los quehaceres cotidianos. También es posible que las personas no sepan que ciertos síntomas podrían significar que algo está mal, o simplemente no quieren saber de ajetreos médicos fastidiosos, o porque afecta a su economía. También es bien cierto que parecidos síntomas, como el cansancio o la tos, se deban a otra causa distinta al cáncer.

Todos esos pareceres, especialmente si algún síntoma tiene una causa obvia o dura poco, pueden hacer que el paciente suponga que ese algo desaparecerá por sí sólo.

Sin embargo, ningún síntoma se debe ignorar o pasar por alto, especialmente si ese algo está empeorando o ha estado presente durante un tiempo prolongado.

Muy probablemente, cualquier síntoma que pueda tener no sea a causa del cáncer. No obstante, es importante que sea revisado, aunque sólo sea por si acaso. Si el cáncer no es la causa, un médico puede ayudar en determinar cuál es la causa y tratarla de ser necesario.

Algunas veces, resulta posible encontrar el cáncer antes de que usted presente síntomas. La Sociedad Americana Contra El Cáncer y otras organizaciones de la salud recomiendan revisiones médicas periódicas para detectar el cáncer y ciertas pruebas para las personas aun cuando no presenten síntomas. Esto ayuda a encontrar ciertos cánceres en estado precoz, antes de que comiencen los síntomas.

De lo antedicho, se concluye que: conocer los síntomas de cualquier tipo de cáncer y que tenga relación con lo que usted tiene o siente, no será sino un acto extremadamente útil y de mucho valor para encarar su prevención (si se trata de cáncer) de forma inmediata, antes de que la enfermedad se haya propagado por el resto de su cuerpo.

PARTE III

MEDIDAS PREVENTIVAS

"MÁS VALE PREVENIR QUE LAMENTAR"

Se suele decir: *"más vale prevenir que lamentar"*. Esta frase tiene un valor incalculable a la hora de enfrentar una enfermedad como el cáncer, ya que actuando con tiempo frente a él será posible evitar el desarrollo de ciertos tumores. De modo que, el sentido del dicho reside en que la prevención es siempre la forma más barata y eficaz de reducir la incidencia del cáncer en nuestro cuerpo. He ahí la gran importancia de prevenir con anticipación la enfermedad.

Se pueden evitar muchos tipos de cáncer en mayor o menor medida, ya que toda forma de prevención, por rústica o casera que sea, y que haya funcionado efectivamente en una persona, puede funcionar en usted de la misma manera que en aquél.

Es lo que este libro pretende: compartir una receta efectiva y garantizada para prevenir e incluso curar el cáncer. Lo único que exige es un poco de disciplina y predisposición a la hora de aplicar lo que enseña. ¿Está usted dispuesto a hacerlo?

Con los 3 poderosos métodos de este libro, que consisten en la preparación de unos zumos o un té –que usted mismo ha de elaborar– podrá curarse definitivamente del cáncer o, por lo menos, controlar por completo su avance.

En caso de que usted quiera evitar o prevenir la mentada enfermedad, de la que nadie está a salvo, póngase en acción. 'Comenzar por aliarse con los productos orgánicos que nos ofrece la madre tierra es, sin duda, una excelente opción para evitar futuras lamentaciones en relación a las enfermedades crónicas'. No obstante, tome en cuenta algunas sugerencias concretas que a continuación se exponen.

NO SE EXPONGA A LOS HUMOS

Los gases, el polvo, la polución del aire, el humo de combustibles, el humo de segunda mano y, en fin, toda forma de humo, está compuesto de partículas sólidas y líquidas en suspensión.

El humo es una suspensión en el aire de pequeñas partículas sólidas que resultan de la combustión incompleta de un combustible. Es un subproducto no deseado de la combustión, producido por fogatas, brasas, cigarrillos, alcoholes, motores que funcionan a gasolina y diesel. Cuando una combustión es correcta y completa, los únicos subproductos son agua, dióxido de carbono y compuestos de diversos elementos.

El *humo* puede contener varias partículas carcinógenas y provocar cáncer de pulmón después de largo tiempo. Por eso se suele recomendar el no uso de estufas o calderas dentro de los hogares, porque producen gases.

Uno de los humos más peligrosos es el humo del cigarrillo. Este humo contiene sustancias en estado gaseoso y en estado corpuscular, perjudiciales para el organismo. Las sustancias de estado corpuscular son los hidrocarburos que, usados como productos aromáticos, tienen la cualidad de acelerar el crecimiento de los tumores. En cambio, las sustancias de estado gaseoso, siendo más peligrosos por el tipo de gas que generan, tienen la cualidad de pasar con facilidad –a diferencia del oxígeno– a través de las paredes de los alvéolos al interior del torrente sanguíneo.

Esas potencialidades, de acelerar el crecimiento tumoral y la facilidad de penetración en el torrente sanguíneo, hacen que el humo del cigarrillo no afecte solo al fumador sino también al inhalador involuntario, o sea, al individuo que vive o trabaja en contacto con algún fumador.

Aunque el aparato respiratorio de nuestro organismo está dotado de un 'sistema de limpieza' eficiente, formado por células que oponen resistencia a la entrada del polvo en los pulmones, las sustancias inhaladas voluntaria e involuntariamente con el humo del cigarrillo introducen en el organismo agentes altamente cancerígenos.

Los *gases* –que son los estados dispersos de la materia o moléculas sólidas poco sensibles a nuestros ojos– pueden provocar una irritación y la posterior congelación de tejidos de la piel y de los ojos cuando entran en contacto con la mucosidad del cuerpo humano.

Los gases, al igual que el polvo, pueden bloquear los conductos por donde transita el aire en los pulmones y desembocar en la formación de agentes tumorales al interior de los espacios respiratorios del cuerpo. Por eso resulta altamente recomendable la no exposición a las diversas clases de humo, o en lo posible, evitar exponerse.

El *polvo*, también, en cualquiera de sus formas, es otro elemento nocivo para la salud. La acumulación del polvo en los pulmones –por donde transita el aire para la ventilación corporal– puede provocar asfixia y bloqueo al interior del aparato respiratorio, por tanto, procurar un tipo de abultamiento maligno debido al contacto de las partículas sólidas que contiene y la mucosa corporal. La enfermedad del pulmón negro –que padecen los mineros de carbón– es claro ejemplo de ello.

La *polución del aire* es otro de los humos que nuestras sociedades occidentalizadas han hecho posible. Si nuestros ojos tuvieran la misma capacidad de visión que tienen las águilas y ciertas aves, quizá nos daríamos cuenta de cuán contaminado está el aire que inhalamos.

La polución del aire hace referencia a la presencia en el aire de materias o formas de energía –incluso gases y polvos– que implican grave riesgo o daño para la salud del ser humano y de los seres vivos en general. Comprende también el conjunto de los desagradables olores que pueden provocar alteraciones en el equilibrado funcionamiento del organismo de los seres vivos.

Los principales focos de contaminación atmosférica son los procesos industriales que implican combustión, tanto en industrias como en automóviles y calefacciones residenciales; los desechos nucleares que generan dióxido y monóxido de carbono, óxidos de nitrógeno y azufre, entre otros agentes contaminantes.

De hecho, uno de los inmediatos efectos de la polución del aire tiene que ver con el crecimiento considerable de personas con riesgo de padecer cáncer de cualquier tipo. Pues, los agentes contaminantes, después de haberse alojado en nuestros cuerpos y después de haber entrado en contacto con la mucosa corporal, terminan formando una serie de tumores que ni la medicina oficial a veces suele explicar.

Otro aspecto que conviene considerar es el *humo generado por los combustibles* que utilizamos. No es casual que, en ciertas ciudades grandes cuyo crecimiento demográfico es alto, se han implementado el uso de barbijos. En esas ciudades, el humo o la contaminación es tal que ya no es posible respirar un aire saludable. Todo el aire está plagado de partículas incluso sensibles a los ojos.

Todos esos agentes contaminantes en su contacto con el equilibrio fisiológico y biológico de los seres humanos –y los seres vivos en general– terminan obstruyendo el desenlace normal de los *micro* y *macro*-organismos dependientes del gran equilibrio biótico y esencial. Los tumores cancerígenos no son la excepción, pues su gestación depende de ese ámbito desequilibrado, tanto físico y biológico como emocional, creado por el *modus operandi* de nuestras sociedades occidentalizadas.

EVITE EL SEDENTARISMO

Hasta el 2011, el Instituto Americano para la Investigación del Cáncer (AICR), de los Estados Unidos, ha constatado que la vida sedentaria aumenta el riesgo de padecer diversos tipos de cáncer.

De hecho, la doctora Christine Friedenreich (representante de AICR) explicó que los investigadores –tras estudiar 200 casos en todo el mundo que incluyó a 123.000 personas– descubrieron que el sedentarismo puede estar asociado con 49.000 casos de cáncer de mama y 43.000 casos de cáncer de colon. Asimismo, haciendo referencia a las nuevas investigaciones, detalló que las actividades físicas reducen de 25% a 30% el riesgo de diferentes formas de cáncer.

Las cifras antes mencionadas pueden ser aplicadas fácilmente a los datos de inactividad que la población mundial vive actualmente. La innovación tecnológica, con todas sus variantes, nos pueden dar razón de que entre el 60 y 80% de la población adulta se ha vuelto sedentaria. Y, precisamente, ese sector de la población adulta –según las estadísticas de la OMS– resulta ser la más afectada por la mentada enfermedad mortal.

Sin embargo, cuando añadimos al sedentarismo el consumo frecuente de alimentos grasos –sobre todo de grasa animal–, la situación se agrava aún más ya que, las dos formas de costumbre, hacen que el tránsito intestinal sea lento y las sustancias tóxicas tengan mayor contacto con la capa interna del colon. Esto, sin duda, aumenta el riesgo de padecer cáncer de colon.

Asimismo, de acuerdo con el titular de la misma OMS, la falta de actividad física –cuyos efectos son el sobrepeso, la obesidad, la diabetes y la carga hormonal– puede actuar como un detonador efectivo de cáncer de mama. Es decir, el incremento de la producción de estrógenos –al generar mayor cantidad de células y al afectar el tejido mamario, junto con el exceso de grasa– puede provocar grandes alteraciones en las células y desembocar en la formación de agentes tumorales en la región del pecho.

Para no ser parte del porcentaje de quienes sufren o corren el riesgo de sufrir cáncer de colon y de mama, nuestra recomendación es: ¡*evite el sedentarismo*! Al menos camine diariamente durante 30 minutos y podrá reducir el riesgo de padecer estos tipos de cáncer. Aunque los expertos advierten que incluso el ejercicio diario no es suficiente y la gente debe moverse durante unos minutos en sus horas de trabajo.

Ante tal aparente discrepancia del anterior párrafo, puede usted implementar una caminata a paso vivo, de una hora al día, y entonces obtendrá los beneficios del ejercicio físico. Las actividades de intensidad moderada, como caminar a paso vivo, podrían ser suficientes, aunque se obtienen más beneficios con una mayor intensidad.

Sin embargo, ¡es mucho más fácil de lo que cree! Media hora de actividad física diaria, como caminar, nadar lentamente, hacer subir y bajar escaleras, recorridos lentos en bicicleta o jugar al golf sin carrito, puede ser un buen comienzo.

He aquí algunas sugerencias para ser más activo:

- Use las escaleras en lugar del ascensor.
- Camine o monte en bicicleta para llegar a su destino.
- Dé una pequeña caminata después de comer.
- Ejercítese a la hora del almuerzo con sus amistades o amigos.
- Salga a bailar.
- Use un podómetro todos los días y observe el aumento en los pasos que da.
- Únase a un equipo deportivo.
- En lugar de enviarles correos electrónicos a sus compañeros de trabajo, camine para visitarlos.
- Monte en una bicicleta estacionaria o haga ejercicios abdominales, suba y baje las piernas o haga lagartijas mientras mira televisión.
- Estacione el auto lejos de la oficina, tienda o biblioteca y dé una buena caminata.
- Cuando el tiempo esté demasiado feo como para estar al aire libre, camine con un amigo en un centro comercial.
- No haga el mismo tipo de ejercicio todo el tiempo porque terminará por aburrirse o considerarlo como una tarea más.

Muchas veces las personas consideran el ejercicio estrictamente como una alternativa para perder peso o verse mejor. Estos incentivos podrían ser efectivos, pero el ejercicio físico es una forma de tomar las riendas de su salud y evitar las enfermedades crónicas, como el cáncer, y vivir más.

EVADE EL EXCESIVO
CONSUMO DE ALCOHOL

'*Alcohol*' es un término común para referirse al etanol o alcohol etílico, sustancia química que se encuentra en la cerveza, el vino, y el licor, así como en medicinas, en enjuagues bucales, en productos para el hogar y en aceites esenciales (líquidos aromáticos que se extraen de las plantas).

Una de las cualidades del alcohol, debido a la presencia de 'acetaldehído' –cuerpo intermedio que se degrada en el organismo–, es su capacidad de causar acciones mutágenas tendientes a formar cáncer debido a su acción directa sobre el ADN de las personas. Por eso, la mentada cualidad contribuiría –según los investigadores– a la formación de piróxidos, sustancias oxidantes que a su vez procuran la aparición de elementos carcinógenos en el organismo que ingiere alcohol en cualquiera de sus formas.

De lo antedicho se puede concluir que cuanto más alcohol bebe regularmente una persona, con el tiempo, mayor será su riesgo de presentar un cáncer asociado con este elemento. Con base en los datos de 2009, se calcula que 3,5% de todas las muertes por cáncer en los Estados Unidos (cerca de 19.500) están relacionadas con el alcohol.

Por tanto, el consumo pesado o regular de alcohol aumenta el riesgo de presentar cánceres en la cavidad oral (excluyendo los labios), faringe (garganta), laringe, esófago, hígado, seno, colon y recto. Es decir, el riesgo de padecer cáncer aumenta con la cantidad de alcohol que bebe una persona. Y esto se acentúa más en las personas que combinan este hábito con el consumo de tabaco.

Sin embargo, existen algunos estudios que destacan los beneficios del beber vino tinto en pequeñas cantidades. Este juicio quizá se deba a que, para ciertas personas –pero en menor escala– sea acertado debido a su constitución física y biológica, entre otros factores. No obstante, en nuestro juicio, sigue siendo un hecho que el alcohol (por sus propiedades calóricas) y el vino (por los azúcares) alimentan el cáncer. Por eso, no existen resultados reales de un estudio científico que favorezca su consumo.

Por ejemplo, un precursor del cáncer de hígado es la cirrosis hepática, generalmente relacionada con el alcoholismo y el excesivo consumo de algún tipo de alcohol. El Instituto Nacional sobre el Abuso del Alcohol y el Alcoholismo de Estados Unidos afirma que existen considerables evidencias que vinculan el consumo de alcohol con un mayor riesgo de cáncer.

Según las investigaciones de Naomi Allen (en Reino Unido) el alcohol es responsable del 11% de todos los cánceres de mama (lo que supone 5.000 tumores extra cada año), del 9% de los cánceres rectales (500 casos más anualmente) y del 25% de los tumores de la cavidad oral, faringe, laringe y esófago (todos juntos).

Las cifras anteriores son prueba de la existencia de un fuerte consenso científico para sustentar la relación entre el beber alcohol y varios tipos de cáncer. En ese entendido, existe una asociación estrecha entre el consumo excesivo de alcohol y el padecimiento de ciertos tipos de cáncer:

Cánceres de cabeza y cuello. El consumo excesivo de alcohol es un factor principal de riesgo de algunos cánceres de cabeza y cuello, en especial de los cánceres de la cavidad oral (sin incluir los labios), de faringe (garganta) y de laringe. Las personas que consumen 50 gramos de alcohol o más al día (aproximadamente 3,5 bebidas o más al día) tienen al menos un riesgo dos o tres veces mayor de padecer estos cánceres que quienes no beben. Más aún, los riesgos de estos cánceres son sustancialmente mayores en personas que consumen esta cantidad de alcohol y también usan tabaco.

Cáncer de esófago. El excesivo consumo de alcohol es un factor principal de riesgo para un tipo determinado de cáncer de esófago que se llama 'carcinoma de células escamosas de esófago'. Además, se ha descubierto que las personas que heredan una deficiencia en una enzima que procesa el alcohol tienen riesgos sustancialmente mayores de carcinoma de células escamosas de esófago asociado con el alcohol.

Cáncer de hígado. El consumo excesivo de alcohol también es un factor independiente de riesgo para cáncer de hígado (carcinoma hepatocelular) y su causa principal, que comúnmente se conoce con el nombre de 'cirrosis hepática' (ya antes mencionado). La infección crónica por el virus de la hepatitis B y por el virus de la hepatitis C son las otras causas principales de cáncer de hígado.

Cáncer de seno. Más de 100 estudios epidemiológicos han considerado la asociación entre el consumo de alcohol y el riesgo de cáncer de seno en las mujeres. Estos estudios han encontrado invariablemente un riesgo mayor de cáncer de seno asociado con un consumo mayor de alcohol. Un meta análisis de 53 de estos estudios (que incluyeron a un total de 58.000 mujeres con cáncer de seno) indicó que las mujeres que bebieron más de 45 gramos de alcohol diarios (casi tres bebidas) tuvieron 1,5 veces el riesgo de padecer cáncer de seno que quienes no lo hicieron. El riesgo de cáncer de seno fue mayor en todos los niveles de consumo de alcohol: por cada 10 gramos de alcohol consumido al día (un poco menos de una bebida), los investigadores observaron un pequeño aumento de 7% en el riesgo del cáncer de seno.

El Estudio del Millón de Mujeres en el Reino Unido –que incluyó a más de 28.000 mujeres con cáncer de seno– proporcionó un cálculo más reciente, y ligeramente más alto, del riesgo de cáncer de seno en niveles bajos y moderados de consumo de alcohol: cada 10 gramos de alcohol consumidos en un día estuvieron asociados a un aumento de 12% en el riesgo de cáncer de seno (8).

Cáncer colorrectal. De la misma manera, el consumo de alcohol está asociado con un riesgo modestamente mayor de cánceres de colon y de recto. Un meta análisis de 57 estudios de control de casos y de cohortes, que examinaron la relación entre el consumo de alcohol y el riesgo de cáncer colorrectal, indicó que las personas que bebieron regularmente 50 gramos de alcohol o más diarios (aproximadamente 3,5 bebidas) tenían 1,5 veces el riesgo de presentar cáncer colorrectal que quienes no bebían o que eran bebedores ocasionales. Por cada 10 gramos de alcohol consumidos al día, había un pequeño aumento de 7% en el riesgo de cáncer colorrectal.

Ese tipo de investigaciones dan cuenta de la relación estrecha que existe entre el consumo de alcohol y los diversos padecimientos de cáncer. Junto a esas indagaciones, los investigadores también han identificado numerosas formas por las que el alcohol podría aumentar el riesgo de cáncer.

Uno de ellos, por ejemplo, es la presencia de 'acetaldehído' en el alcohol que –al descomponerse en el organismo– puede dañar el ADN (el material genético que compone los genes) y las proteínas del cuerpo por ser una sustancia tóxica y carcinógena.

El otro efecto considerable del alcohol es la generación de especies de 'oxígeno reactivo' que también pueden causar serios daños al ADN del organismo, las proteínas del cuerpo y los lípidos (materiales grasos necesarios), provocando la oxidación de los órganos comprometidos con el metabolismo.

Un tercer elemento a considerar es que el alcohol puede provocar el deterioro de la capacidad de disolver las sustancias innecesarias y absorber la variedad de nutrientes que necesita el cuerpo para subsistir.

Finalmente, el alcohol puede procurar las concentraciones crecientes de estrógeno en la sangre, lo cual está relacionado con el riesgo de padecer cáncer de mama.

Por esas razones, dignas de ser consideradas, recomendamos una de las formas prácticas más efectivas: la de evitar las ingestas exageradas de bebidas alcohólicas, tomando en cuenta que el riesgo de cáncer es mayor si se combina con el consumo de tabaco.

CORRIGE TU FORMA DE ALIMENTACIÓN

La mayor incidencia de algunos tipos de tumor en los países industrializados con relación a las poblaciones que siguen manteniendo esquemas nutricionales tradicionales permite establecer un nexo bastante evidente entre una alimentación equivocada y el cáncer.

Existe una frase propia del sentido común y que pertenece al acervo colectivo que dice: '*eres lo que comes*'. Si una persona come, por ejemplo, comida rápida (o '*fast food*' en inglés) o 'comida chatarra', es evidente que correrá el riesgo de contraer ciertas enfermedades digestivas u otras que estarán relacionadas directamente con el cáncer.

La '*comida chatarra*' por contener grandes cantidades de azúcar, almidón, grasas y sales refinadas, además de saborizantes y colorantes artificiales, contribuye a la generación de diversos tipos de cánceres. Aunque su contenido nutricional es bajo, estos productos se tornan atractivos gracias a la publicidad de los mismos.

El consumidor que se acostumbra a la 'comida chatarra', a su sabor, su dulzor, sus grasas y a sus sales, es un hecho que dejará de desear alimentos sanos e integrales y preferirá lo que ven sus ojos en la publicidad.

Algo parecido sucede con la famosa '*sal china*' o '*ajinomoto*' que, como potenciador de sabor, contiene 'glutamato monosódico' (que está compuesto de 12% de sodio y 39% de sal). Este elemento químico ha demostrado que aumenta el apetito hasta en un 40%, razón por la cual es tan popular en la industria de Snacks. En la cocina se puede encontrar al glutamato como ingrediente de muchas preparaciones.

El Ajinomoto es una 'excitotoxina' que estimula las papilas gustativas (neuronas) y exalta los sabores de los alimentos. El problema es que su absorción es sistémica (por todo el organismo) y la excitación acelera la muerte neuronal (mata las neuronas) con el consecuente deterioro del sistema neurológico e inmunológico procurando así la aparición de enfermedades crónicas como el cáncer, la diabetes, la hipertensión, el parkinson, etc.

Lo propio ocurre con el uso culinario de los famosos *cubitos* y *sales* que, agregados el yodo y el flúor, se tornan altamente tóxicos para el organismo al igual que el 'glutamato monosódico'.

Otro tanto tienen que ver las famosas '*bebidas gaseosas* 'con la aparición de agentes cancerígenos. Con frecuencia, tener sed y pedir una gaseosa es totalmente común en nuestras sociedades occidentalizadas. En algunos casos se prefiere una gaseosa light, pensando que son saludables por ser baja en azúcares y calorías.

Sin embargo, el consumo regular de las gaseosas, según investigadores de la Universidad Británica, por su alto grado de 'benzoato de sodio' –un preservante común que se encuentra en las gaseosas– y los colorantes, pueden dañar partes vitales del ADN del consumidor. Cuando un profesor de biología molecular de Inglaterra midió el impacto del benzoato de sodio en células vivas, descubrió que importantes células mitocondrias del ADN fueron dañadas. Las mitocondrias sirven como una "estación eléctrica" para las células y su daño puede generar un serio mal funcionamiento celular asociado con vejez prematura y las enfermedades crónicas como el cáncer y la diabetes.

Un último estudio reveló también que quienes consumen con frecuencia bebidas gaseosas –que realmente es un alto porcentaje de la población mundial– podrían tener un más alto riesgo de desarrollar cáncer de esófago. El estudio mostró una fuerte relación entre gente que consumía bebidas carbonatadas y el número de casos de cáncer al esófago en los pasados 20 años. Las estadísticas muestran que el consumo de bebidas gaseosas creció en los últimos 25 años en 450 % y el cáncer de esófago también ascendió a 570% en el mismo periodo.

Las estadísticas, mencionadas en el párrafo anterior, son realmente alarmantes porque justifican el aumento del masivo consumo de las gaseosas. Quien más, quien menos, seguramente se ha percatado de que alguien conocido sufre de descalcificación de huesos, de diabetes, de hipertensión arterial, de cáncer, de obesidad y de otros padecimientos. Lo cual no es raro, ya que en nuestras sociedades se ha incrementado el uso de elementos artificiales en nuestra dieta diaria para complacer los gustos que nos inculca la publicidad.

La *publicidad* de los productos que hemos mencionado, desde las 'comidas chatarra' hasta las 'gaseosas', han calado profundamente en la mente colectiva de nuestras sociedades. De modo que nuestra forma de alimentación, no pocas veces 'equivocada', es fruto de la estrategia sugestiva que los medios de comunicación nos bombardean a diario. Así, la alimentación equivocada que profesamos no solo entra por la boca sino también por nuestros ojos.

En resumen, nuestro consejo es: ¡Corrige tu forma de alimentación! Lo cual implica: menos comida preparada y envasada, menos '*fast food*' y gaseosas, menos sales y no dé mucho crédito a la publicidad. Prefiera siempre cultivar el hábito de visitar el mercado de la ciudad y comprar productos orgánicos y frescos. Y, como resultado de ese cultivo, tendremos salud y bienestar. Añada a esta dosis de corrección: ¡celebre más la vida, ría más y aprenda chistes! ¡Reconcíliese con sus enemigos, arregle sus problemas, complete lo que está incompleto, agregue lo que le falta en lo emocional, y verá que el bienestar se apoderará de usted!

Como hemos podido constatar, nuestros hábitos y costumbres –relacionados con nuestra dieta cotidiana– hacen mucho a la salud o enfermedad de nuestro cuerpo. De modo que si mejoramos nuestra forma de alimentación, lo que comemos puede convertirse en la mejor medicina preventiva para evitar el cáncer o, al menos, reducir en mucho las posibilidades de ser víctima de él. Para este efecto, existen muchos consejos o medidas de prevención a nivel mundial, que conviene tomar en cuenta si queremos procurar el bienestar y la salud, y así detener el desarrollo de las enfermedades crónicas en nuestro organismo.

ALGUNAS MEDIDAS NECESARIAS
A TOMAR EN CUENTA

Entre las medidas necesarias a tomar en cuenta, para no desarrollar cáncer en nuestro organismo, tenemos:

○ *Dejar de fumar.* Si a usted le gusta fumar, cosa que lo siento, para que el tratamiento funcione, deberá dejar de fumar completamente. Esto ayudará a eliminar cualquier posibilidad del cáncer en su pulmón.

○ *Evitar exponerse al sol por tiempo prolongado*, especialmente los que tienen la piel blanca y sensible.

○ *Mantener una adecuada higiene genital y protegerse durante las relaciones sexuales* será una tarea imprescindible para disminuir la incidencia del Virus del papiloma Humano (VHP), que está íntimamente relacionado con los cánceres de cuello uterino, cavidad oral y amígdalas.

○ *Controlar el consumo de bebidas alcohólicas*, sea cerveza, vino, licor y otros, evitando sobre todo los excesos.

○ *Una dieta adecuada*, rica en fibras vegetales, frutas y baja en grasas. Coma a menudo cereales orgánicos con alto contenido de fibra.

○ *Evitar el exceso de peso,* haga más ejercicio físico y limite el consumo de alimentos ricos en grasas.

○ *Factores ocupacionales*. En grupos de alto riesgo como lo son los trabajadores de ciertas industrias, donde los empleados estás expuestos a una alta toxicidad, se deben tomar las precauciones adecuadas para protegerse y mantener un control médico periódico.

○ *Evitar la exposición a radiaciones* (rayos X, la cercanía a las microondas cuando está en pleno funcionamiento) pues a la larga pueden causar trastornos de tipo cancerígeno.

○ Las personas con antecedentes de un mismo tipo de cáncer en su familia, deben acudir al médico para que éste valore la conveniencia de *realizar un consejo genético*.

○ *Circuncisión al nacer*, para prevenir el cáncer de pene, y reducir un accidental cáncer de cérvix y próstata.

○ *Hacer biopsia* siempre de toda lesión ulcerada persistente.

OTRAS SEÑALES A TOMAR EN CUENTA

Además de la prevención, es importante que no dejemos de consultar al médico si se presentan alguno de los siguientes síntomas de alarma: *una úlcera en la boca* (que no cicatriza en 4 ó 5 semanas); *tener tos o ronquera constante* (que dure 4 ó 5 semanas); *expectorar con sangre*; *descubrir una mancha en la piel* (que cambia de tamaño, crece o sangra); *la aparición de un bulto en la mama*; *la eliminación de sangre* (en la orina o las heces); *cualquier cuadro prolongado de pérdida de peso o fiebre* (que sea inexplicable).

Cuando salen a flote estas señales de alarma, el paciente deberá acudir inmediatamente a su médico para cerciorarse de qué tipo de enfermedad o trastorno se trata. Si en el diagnóstico del médico sale positivo, es decir, si el médico diagnostica la presencia de un elemento canceroso en la región afectada por el tumor, herida que no sana o la presencia de un dolor persistente, convendrá extraer un tejido de la región y someterlo a un examen microscópico.

Si se trata de cáncer, el examen microscópico definirá la toma de acción inmediata para comenzar a aplicar el método poderoso que te revelaré a continuación. Ojo, el examen previo al tratamiento es imprescindible para saber qué grado de cáncer se tiene, si es primario o ya está avanzado. Por favor, no obvie esta opción, será fundamental para su prevención y su curación definitiva.

PARTE IV

CÓMO CURAR EL CÁNCER CON SÁBILA

TESTIMONIO

Martha tenía por entonces 35 años, madre de un niño de 2 años y una niña de 9 añitos. Sintió dolores en su vientre y fue internada en una clínica privada, gracias a la ayuda de algunos misioneros franciscanos para quienes trabajaba como empleada doméstica.

En la clínica le hicieron muchos exámenes y análisis exhaustivos, cuyos resultados no fueron favorables para la señora. Le detectaron tumores malignos en la matriz y que no le quedaba mucho tiempo de vida. Es más, el resto de su vida debía dedicarse a recomendar el cuidado de sus hijos a alguien cercano o de confianza, pues no había otra alternativa según los personeros de la clínica. En caso de que quiera operarse, debía ser bajo riesgo propio.

Su hermana, su tía y ella acudieron a mí, con los resultados en mano, llorando y sin saber cómo afrontar tan lamentable situación. Yo no era más que un conocido. Sin embargo, ellas al parecer confiaban en mí más que en el médico. Yo me dedicaba, por entonces, a estudiar y a buscar información sobre cómo enfrentar o prevenir algunas enfermedades de forma natural, pues hace poco había experimentado el deceso cruel de un amigo a consecuencia de cáncer. Y, casualmente, tenía en mí haber algunas informaciones valiosas para muchas enfermedades y entre ellas una especie de revista que titulaba: *¿Tiene cura el cáncer? Una manera práctica y económica de tratar el cáncer y otras enfermedades sin complicaciones, mutilaciones, medicamentos ni efectos secundarios.* Sin duda se trataba del método de Fr. Romano Zago.

El método en cuestión, no solo servía para cáncer sino también para otras dolencias, por ejemplo para purificar la sangre. Yo también había hecho el tratamiento y me había asentado muy bien. Sin embargo, aunque en este caso se trataba de algo más serio, me comprometí a ayudarles no con otra cosa sino con ese coctel en base a sábila.

Conseguimos la Sábila y todo lo que se requería. Hicimos el preparado, tal como está indicado en el texto, hemos realizado los pasos que recomienda, y la señora Martha comenzó el tratamiento. Con ferviente entusiasmo cumplió todo lo que ahora está escrito en este libro, dado que el cáncer no era una dolencia cualquiera.

Su tratamiento duró casi 6 meses. En todo ese tiempo, prácticamente no pudimos saber qué es lo que causaba el cáncer. No obstante, tratándose de la dieta, hemos intentado hacer lo posible para que la señora consuma comidas en base a vegetales orgánicas ya que eso, según muchos testimonios naturistas, favorecía a la recuperación de pacientes con enfermedades crónicas. Así lo hicimos y la paciente, aunque en bastante tiempo, ya no sufrió los dolores y los desangres que le eran habituales.

Tiempo después de haber hecho el tratamiento, le aconsejé que vaya a visitar al médico y que se haga los análisis respectivos. Grande fue la sorpresa cuando nos enteramos que el cáncer había parado; no obstante, la señora siguió el tratamiento. Nunca me había sentido tan emocionado, pues mientras su hermana y tía me estaban comunicando, Martha irrumpió en llanto convulsivo y entre sollozos dijo: —Ojalá este método hubiera sabido antes para salvar a mi madre que murió con cáncer de colon. En fin, gracias hermano. ¡Gracias a Dios por devolverme de nuevo la vida!

Desde entonces hemos hecho una gran amistad con su familia y, ahora, sus hijos ya son mayores; la hija se casó (y tiene 2 hijitos) y el hijo, hace poco, se casó con una profesora. Como tal, llevan una vida normal. No obstante, ahora, el temor de doña Martha es que en su hijo vuelva a brotar el cáncer, pero ella está esperanzada y confiada en que ya tiene la medicina exacta si es que ello sucede.

En fin, la confianza en sí mismo y la disciplina han tenido que jugar un papel muy importante para su curación. En realidad la fuerza que la dispuso a ella fue el hecho de tener 2 pequeños a su lado y que dependían completamente de ella. Ellos fueron la razón de su existencia y la razón de su fortaleza para enfrentar a tan temida enfermedad. Y, evidentemente, en su caso se cumplió lo que dijo Nietzsche: "Quien tiene un *por qué* para vivir, encontrará casi siempre el *cómo*". En este caso específico ese '*cómo*' tenía que ver con el método que usted conocerá a continuación.

¿QUÉ ES LA SÁBILA O ÁLOE VERA?

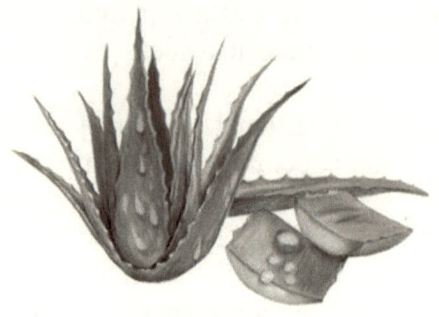

Aloe Vera o Sábila

La Sábila o Aloe Vera es una planta de la familia de las liliáceas, es decir, de los ajos, las cebollas, los puerros y azucenas.

Existen muchos tipos de aloes como los de la jardinería y otros que son silvestres. Entre ellos tenemos: Aloe Variegata, Aloe Barbadensis, Aloe Vera Variedad Chinensis, Aloe Arborescens, Aloe Aristata, Aloe Ciliaris, Aloe Humilis, etc. En fin, existen más de 400 especies.

El Aloe Vera o Sábila, tiene dos enemigos naturales: el exceso de agua y el frío por debajo de los 10°C. Por otro lado, es muy resistente a las plagas y a la falta de agua.

La planta de Sábila se caracteriza por unas hojas muy grandes y carnosas, además de suculentas, configuradas en rosetones. Produce, por un lado, una especie de gel y, por otro, una especie de látex que se utiliza para los medicamentos. Las flores van de amarillas a rojas anaranjadas, formando una especie de racimo a lo largo de la espiga que se eleva a lo alto de la planta.

El Áloe Vera es una planta originaria de las regiones semidesérticas, rocosas y áridas, donde las precipitaciones son escasas y la humedad del suelo baja. Al ser habitante de zonas áridas, suele reproducirse mediante clones, pequeños retoños que nacen a partir de la planta madre.

Como se puede observar, nuestra famosa planta en cuestión no es tan diferente a las demás plantas. Sin embargo, será más que bendita a la hora de reunir una gama de compuestos y propiedades beneficiosas para la salud de nuestro organismo.

COMPOSICIÓN QUÍMICA DE LA SÁBILA

Se estima que el Áloe Vera contiene unas 200 moléculas biológicamente activas. Muchas de estas moléculas se han podido identificar y otras muchas siguen siendo investigadas.

Ahora bien, entre el amplio bagaje de compuestos químicos que nos ofrece la Sábila, mencionemos a continuación las más importantes:

El Agua

Como todas las plantas suculentas, la Sábila concentra un altísimo porcentaje de agua en su interior. De hecho el 95.5% de la planta está compuesta de agua y sólo el 5% de otros componentes sólidos. Esto es importante para explicar el sorprendente poder terapéutico del Áloe, pues el agua es el vehículo idóneo en el que se disuelve el resto de las sustancias biológicamente activas.

Vitaminas

Las vitaminas son compuestos heterogéneos vitales que, ingeridos de modo equilibrado, promueven el correcto funcionamiento fisiológico de un organismo vivo. Gracias a estas, nuestras células pueden generar diversas moléculas importantes para su metabolismo.

Para una mejor comprensión, clasificamos las vitaminas según su modo de absorción:

- *Los liposolubles*. Son absorbidos a través de las grasas y se acumulan en las células. El grupo liposoluble que contiene el Áloe Vera comprende las vitaminas A (Betacaroteno: contiene propiedad anticancerígena y dermocurativa) y E (Tocoferol: que favorece la formación de nuevas células y proporciona salud a todo el sistema neurovegetativo).

o *Los hidrosolubles*. Son absorbidas a través de las soluciones acuosas y no se acumulan en el organismo. Este grupo comprenden las vitaminas B1 (Tiamina: transforma la glucosa en energía biológica), B2 (Riboflavina: regula el metabolismo), B3 (Niacina: antídoto para problemas causados por el colesterol), B5 (Ac. Pantoténico: elabora la coenzima A, pieza clave para el metabolismo), B6 (Piridoxina: ejerce un efecto beneficioso sobre el sistema inmunológico, facilitando las conexiones entre el sistema nervioso central y el periférico), B7 (Biotina: indispensable para el metabolismo de las proteínas, grasas e hidratos de carbono), B9 (Ácido Fólico: combate la anemia y previene malformaciones fetales y tumores, por lo cual es anticancerígeno), B12 (Cabalamina: previene la pérdida de la facultad intelectual, refuerza la memoria y la concentración), y C (Ácido Ascórbico: desempeña un papel antioxidante e inhibe los radicales libres).

Aminoácidos

Los aminoácidos son unidades elementales que representan los componentes esenciales de las proteínas, por lo que son los constituyentes fundamentales de todos los organismos vivos, y afectan al buen funcionamiento del cerebro. Los mismos son introducidos al organismo a través de la dieta diaria.

La Sábila contiene siete de los ocho aminoácidos esenciales para el organismo y dieciocho de los veintidós considerados como secundarios. Estos aminoácidos, al combinarse entre ellos, forman las proteínas –esenciales para la vida– y también sirven –entre otras funciones– de materia prima para la obtención de otros elementos celulares como las hormonas y los pigmentos.

Minerales y Oligoelementos

Los oligoelementos, presentes aunque en muy pequeñas concentraciones, pero al igual que los minerales participan en importantes procesos metabólicos.

El Áloe Vera, siendo una planta compuesta de una variedad de nutrientes, es también rico en minerales y oligoelementos. Por ejemplo: *el hierro*: componente esencial de la sangre; *calcio y fósforo*: esenciales para la salud del sistema óseo-articular y muscular tanto esquelético como cardíaco; *magnesio*: cumple diversas funciones metabólicas y juega un papel importante en la producción y el transporte de energía; *manganeso*: elemento de gran poder antioxidante, ralentiza el proceso de envejecimiento; *cromo*: indispensable para el metabolismo de las grasas y de los carbohidratos; *cobre*: contribuye a la formación de los glóbulos rojos y ayuda al buen mantenimiento de los vasos sanguíneos, los nervios, el sistema inmunológico y los huesos; *zinc*: estimula el sistema inmunológico, es antiinflamatorio y potencia el apetito sexual; *selenio*: un elemento esencial que integra las enzimas; *silicio*: cumple la importante función de estimular las células que participan en la formación de huesos y cartílagos; y *germanio*: un potente equilibrador del organismo y un poderoso agente antitumoral.

Esta variada composición química del Áloe Vera, por su agua, vitaminas, aminoácidos, minerales y oligoelementos, dan razón de sus propiedades beneficiosas que contienen la planta de la Sábila para la salud general de nuestro organismo.

PROPIEDADES Y BENEFICIOS
DE LA SÁBILA

En la naturaleza, es difícil encontrar una planta de tales características como el Áloe, cuyas propiedades sean considerablemente beneficiosas para la salud de nuestro cuerpo. Intentemos hacer justicia a este cometido resaltando algunas propiedades y beneficios:

Energético y nutritivo

Por su alto contenido de enzimas (proteínas que intervienen en las reacciones del organismo) ayuda al cuerpo a absorber y purificar los alimentos.

De la misma manera, por su alto contenido de aminoácidos, interviene en la formación y estructuración de proteínas que son la base de las células y de los tejidos.

Igualmente, los minerales que contiene el Áloe Vera se constituyen en elementos indispensables para el metabolismo y actividad celular.

Asimismo, las vitaminas A, B1, B5, B6, B7, B9, B12, y C, intervienen en el fortalecimiento del sistema inmunológico y tonicidad de capilares del sistema cardiovascular y circulatorio.

Inhibidor de dolor

Porque penetra muy rápidamente en la piel bloqueando las fibras nerviosas periféricas. Es también un potente anti-inflamatorio. De la misma manera, alivia el dolor que provocan las quemaduras y otras heridas provocadas por la actividad física.

Antiinflamatorio

Es útil en los trastornos de tipo inflamatorio como la busitis, artritis, lesiones, golpes, picaduras de insectos y otros.

Bactericida

El Áloe Vera es excelente para la eliminación bacteriana así como para su prevención.

Hidratante

Porque penetra profundamente las tres capas de la piel gracias a la presencia de ligninas y polisacáridos; restituye los líquidos perdidos tanto naturalmente o por deficiencia orgánica o por condiciones climáticas.

Digestivo

Actúa sobre al aparato digestivo, especialmente, en afecciones como la colitis, acidez estomacal, colon irritable, apoyando con su acción a suavizar la gastritis y la úlcera.

Depurativo

Ayuda a eliminar los metales residuales de nuestro organismo (procedentes de los pesticidas, medicamentos o productos tóxicos), así como las bacterias y los virus.

Cicatrizante

Por el alto contenido de calcio, potasio, zinc y las vitaminas C y E, la Sábila, provoca la formación de una red de fibras que atrapan los eritrocitos de la sangre ayudando así a la cicatrización. También la presencia de Calcio es un elemento muy importante para el buen funcionamiento del sistema nervioso y para la acción muscular, ya que podría actuar como un gran catalizador en muchos tipos de curaciones.

Queratolítico

Esta acción es la que permite que se desprenda la piel dañada o herida, renovándose con células nuevas. Permite que exista también un mayor flujo sanguíneo por las venas y las arterias, evitando posibles coagulaciones.

Regenerador celular

Posee una hormona que acelera la formación de células nuevas y su posterior crecimiento. Gracias a su alto contenido de calcio, el Áloe Vera se torna en un elemento de vital importancia para la osmosis celular (intercambio de líquidos) y para el equilibrio interno y externo de las células.

Antibiótico

Elimina e inhibe, entre otras bacterias, la acción dañina de la salmonella y los estafilococos.

Antiséptico

La Sábila actúa como antiséptico, luchando contra microorganismos y, posteriormente, regenera la zona dañada devolviéndole su elasticidad natural.

Coagulante

Por estar provisto de calcio, potasio y celulosa, provoca en las lesiones la formación de una red de fibras que atrapa las plaquetas de la sangre, ayudando a la coagulación y cicatrización. El calcio es coadyuvante del sistema nervioso, el potasio de la actividad muscular y la celulosa de la coagulación.

Antiviral

El acemanano, presente en el Áloe Vera, actúa no solo como estimulante sino también como preventivo respecto al virus cancerígeno que ataca el sistema inmunológico. Por eso, se suele decir que la acción antiviral de la Sábila es útil en los tratamientos con pacientes infectados por el virus del SIDA.

Desintoxicante

Por su gran contenido de ácido urónico, facilita la eliminación de toxinas a nivel celular, y a nivel general estimula la función hepática y renal, primordiales en la desintoxicación del organismo.

Estas propiedades beneficiosas dan cuenta de que nos encontramos frente a una planta de múltiples cualidades y, aquí, resaltaremos como un potente elemento para curar, o por lo menos para prevenir, nada menos que el cáncer.

LA RECETA ANTICÁNCER EN BASE A ÁLOE VERA

Nota previa

El paciente que quiere prevenir o curarse del cáncer con la planta de Sábila, que a continuación le revelaremos, debe ante todo evitar dos cosas: nunca esperar curarse de la noche a la mañana de una enfermedad como el cáncer, que se ha desarrollado lentamente en su cuerpo; tampoco piense tomar demasiada cantidad de Aloe Vera diciendo que es buena, ya que todo exceso es dañino.

La receta anticáncer de la que venimos hablando, cuya autoría se atribuye al brasileño sacerdote franciscano, Fray Romano Zago, quien actualmente vive en Belén (Brasil), presenta una combinación de 2 elementos naturales, el Aloe Vera y la Miel de Abejas, más un Alcohol bebible, ya sea Whisky, Coñac, Tequila, Aguardiente, entre otros.

Elementos básicos de la receta

½ kg de hojas de Sábila (o Aloe Vera)
½ kg de Miel de Abejas
1 copa de alguna bebida alcohólica, que sea el más fuerte y de calidad, por ejemplo: Whisky, Coñac, Tequila, Aguardiente, entre otros.

Objetos y herramientas de uso

1 botella de vidrio, tamaño estándar, que no traspase la luz a su interior.
Batidora eléctrica o licuadora.
Cuchillo, mortero, recipientes, entre otros.

Notas Importantes:

Las hojas de Aloe Vera deben ser preferentemente maduras y hembras; que haya terminado de florear (la planta, al estar madura, cumplirá mejor sus funciones sanadoras en el organismo afectado). Las pencas de las sábilas maduras son gruesas y carnosas, de color verde semi-aclarado, ya que los que aún no han floreado son de color verde vivo y profundo.

La miel deberá estar en estado puro y adquirido directamente del apicultor. La miel pura generalmente es de color oscuro, cuyo sabor es penetrante y fuerte.

Esta receta es aproximadamente para una botella estándar.

BONDADES Y ACCIONES
DE CADA ELEMENTO

Bondades del Áloe Vera

El Aloe contiene aloemicina, de gran poder antiinflamatorio y analgésico, y aloeuricina, cuya propiedad es activar y fortificar las células epiteliales, lo que la hace de mucha utilidad en las úlceras gástricas y estomacales.

El jugo contiene derivados antracénicos: aloe-emodina, aloína, isobarbaloína, aloinósidos A y B y otras sustancias. Contiene también gran cantidad de aminoácidos como son la valina, metionina, fenilalanina, lisina y leucina.

Posee además al polisacárido lignina, el glucomannan y otros glúcidos como la pentosa, galactosa, y los ácidos urónicos que proporcionan una profunda limpieza de la piel, pues penetran en todas sus capas, eliminando bacterias y depósitos grasos que dificultan la exudación a través de los poros.

Si bien entre sus elementos constitutivos figuran el yodo, cobre, hierro, zinc, fósforo, sodio, potasio, manganeso, azufre, magnesio y gran cantidad de calcio, es también una de las pocas especies que contiene vitamina B12, además de vitamina A, B1, B2, B6, y C.

Contiene fuertes proporciones de germanio que actúa como filtro depurador del organismo, elimina los venenos y desechos de las células, reestructura y revitaliza la médula ósea, reactiva el sistema inmunológico, estimula la producción de endorfinas, que calman el dolor. En realidad, todas las plantas que contienen germanio han sido consideradas milagrosas al igual que el Ging-seng y las Setas Shitake.

El gel del Aloe produce seis agentes antisépticos de elevada actividad antimicrobiana: el ácido cinamónico, un tipo de urea nitrogenada, lupeol, fenol, azufre, ácido fólico y un ácido salícico natural que combinado con el lupeol tiene importantes efectos analgésicos.

Es un increíble antitóxico y antimicrobiano; astringente y anticoagulante. Es un vigoroso estimulante del crecimiento celular.

La acción del Aloe en el tratamiento

El Aloe es antiflamatorio, analgésico, desintoxicante, bactericida, antiviral, fungicida, regenerador de células, estimulador de sistema inmunológico, energético, efecto antibiótico y preventivo.

Didácticamente se puede decir que el gel del Aloe hará que las toxinas "resbalen" de todo el cuerpo, procurando así la desintoxicación, no oxidación y limpieza del organismo.

Bondades de la miel de abejas

Generalmente, la miel contiene un 20% de agua, 25-45% glucosa y 35-45% de fructosa. Además de sacarosa, también contiene ácido fórmico, substancias aromáticas, residuos de polen, etc.

Igualmente, este producto sano que nos proveen las abejas tiene un alto valor energético ya que posee 322 calorías por cada 100g; asimismo presenta la ventaja de ser fácilmente digerible debido al tipo de azúcares que lo componen.

Hay que añadir que a la fecha se han descubierto en la miel más de 180 sustancias distintas, beneficiosas para el organismo humano.

La miel ha sido también utilizada a través del tiempo por sus propiedades curativas ante quemaduras, como antimicrobiano y además como suave laxante.

Acción de la miel de abejas en el tratamiento

La miel tiene un efecto purificador como el Aloe, la miel en esta receta va curando el cuerpo de todo lo dañino que va encontrando en su camino.

La bebida alcohólica y sus acciones

Seguramente usted se habrá preguntado por qué se incluye este producto en la receta. Pues bien, es sencillo, se puede decir que básicamente son dos las funciones que éste cumple:

Primero: cumple la función de conservar el preparado.

Segundo: actúa como dilatador de las venas en el cuerpo del paciente, para que de esta manera pueda este remedio llegar hasta los "rincones" más alejados del cuerpo.

Debido a estas dos funciones, tanto la miel como el Aloe, llegan a cumplir su objetivo principal que es el de purificar la sangre.

ELABORACIÓN Y MANTENIMIENTO

Para su elaboración y mantenimiento del presente elemento medicinal, siga atentamente las siguientes instrucciones:

Limpiar bien el ½ kg de las hojas de Aloe. Luego se deben sacar las espinas, que rodean a la penca, cortándolas con un cuchillo. También se deberá cortar la punta de la penca para que se vacíe con facilidad el Acíbar (la resina amarga).

Luego se debe cortar en dos partes la penca de la Sábila e introducirla en un recipiente con agua durante una hora, colocándolas en forma vertical y cómodamente, para que se diluya en el agua el Acíbar. Posteriormente se debe retirar del agua y repetir la operación anterior una vez más o cuantas veces sea conveniente hasta retirar por completo el Acíbar. Se recomienda no exceder en este proceso porque podría vaciarse la gel en el agua, lo cual no sería conveniente para el presente tratamiento.

Después, sin pelar la piel de la penca y cortándola en trozos, se deberá poner en la licuadora junto con el ½ kg de miel y la copa de bebida que haya preferido. Posteriormente se licuará durante 1 ó 2 minutos.

Una vez que se tenga bien licuado, se deberá llenar el producto en la botella (prevista para este fin), taparlo muy bien (es decir, que no entre ni escape algo de aire del interior de la botella) y prever el paso siguiente que consiste en una maceración subterránea.

La maceración subterránea consiste en enterrar, preferentemente, en la playa de un río por aproximadamente 15 días. Este paso de maceración subterránea es fundamental para que los elementos tanto del aloe como la miel puedan potenciar su fuerza curativa.

Después de 15 días de maceración, se deberá desenterrar y sustraer la botella pero, ojo, antes de que salga el sol o después que se haya escondido. En este caso, el no contacto con la luz del sol puede evitar que pierda su fuerza de acción en favor del organismo.

Una vez sustraído, se deberá guardar el preparado en un lugar seco, fresco, ventilado y, en lo posible, oscuro para su mejor conservación y efectividad mientras dure el tratamiento.

Nota

La razón por la que no hemos incluido el Acíbar del Aloe en la receta, tiene que ver con el contenido de este elemento que es la Aloína, una sustancia tóxica, no recomendable para los pacientes que tienen cáncer en los riñones.

DOSIS ADECUADA PARA SU APLICACIÓN

Agite el envase antes de ingerirlo y luego deberá tomar 3 cucharadas soperas todos los días, es decir, 15 ó 20 minutos antes de cada comida (con cada comida nos referimos al desayuno, al almuerzo y la cena), por el lapso de 10 días o dos semanas (según el criterio del paciente).

Posteriormente, después del tratamiento de 10 días ó 2 semanas (que equivale al conjunto de la dosis del tratamiento), es sumamente necesario darse un 'lapso de tiempo' de una semana para que, en este intervalo, el cuerpo del paciente elimine lo que no le sirve y expulse todos los elementos innecesarios del cuerpo, incluidas las toxinas de la misma receta.

En caso de que el cáncer que padece sea muy avanzado y requiera de una mayor fuerza en el tratamiento, deberá usted aumentar la dosis a 5 cucharadas diarias, es decir, antes del desayuno, a media mañana, antes de almuerzo, a media tarde, y antes de la cena, siempre 15 ó 20 minutos antes de ingerir los alimentos.

Después de aplicar el tratamiento, es indispensable que se haga un chequeo médico. Si después de este chequeo ve que la enfermedad no avanza, o ha dejado de avanzar, es señal de que nuestro método está funcionando correctamente.

Ahora bien, para que la enfermedad retroceda aún más, deberá continuar con la siguiente etapa de 10 días ó 2 semanas, tal como lo hizo en la primera etapa. Recuerde que después de la segunda etapa debe volver a darse el 'lapso de tiempo' necesario para que el cuerpo haga lo suyo.

Después del 'lapso' deberá acudir también a su médico para ver cuánto ha retrocedido la enfermedad. En caso de que necesite continuar deberá seguir los mismos pasos anteriores. Recuerde, sin embargo, que no debe exceder la dosis, debido a que puede llegar a tener ciertas complicaciones de carácter nefrotóxico.

Posteriormente, después de los resultados del chequeo médico, puede ir gradualmente disminuyendo o aumentando la dosis proporcionalmente con la situación de la enfermedad. Se recomienda también no preocuparse si a pesar de esto sigue creciendo la enfermedad, pues ésta en algún momento se doblegará ante este remedio. Usted siga disciplinadamente las instrucciones que le hemos dado.

No olvidar

En todo el proceso se aconseja que el paciente conozca la gravedad de su enfermedad antes de comenzar el tratamiento (realizar controles médicos) y también después de consumir los conjuntos de las dosis, pues de esa forma podrá calcular de alguna manera el desarrollo de su tratamiento y tener una idea objetiva de aumentar o disminuir las dosis según sea el caso. Tómese también en cuenta que solo estos controles médicos del cáncer pueden asegurarle con certeza el grado de curación conseguido por el tratamiento; al mismo tiempo, uno mismo será el que tendrá que repetir el tratamiento, según el grado de cáncer detectado por los controles disponibles y lo que según su criterio crea conveniente.

Es muy frecuente que el enfermo después de tomar un conjunto de dosis del tratamiento sienta una cierta sensación de bienestar y de mejoría, tenga cuidado porque esos síntomas no constituyen una prueba 100% fiable de que el cáncer está siendo vencido. Es peligroso dejarse guiar por esas sensaciones, siempre realice controles médicos, nunca lo olvide.

Tenga en cuenta que son varios los casos que bastó solo un conjunto de dosis del tratamiento para que se haya eliminado gran parte del cáncer. Sin embargo, se aconseja tomar más conjuntos de dosis de la receta como prevención al menos por el lapso de medio año.

Usted puede seguir tomándolo posteriormente, ya que este tratamiento también lo puede tomar una persona sana como prevención del cáncer, siguiendo siempre en este caso con la dosis normal de esta receta.

PRECAUCIONES A TOMAR EN CUENTA

Evite utilizar por períodos prolongados el tratamiento ya que actúa sobre el recto, es por ello que se aconseja interrumpir el tratamiento con la receta básica entre una unidad y otra, pues puede producir fuerte tenesmo, cólicos gastrointestinales y congestión renal.

El Aloe en términos generales no se debe suministrar a pacientes que sufran de la vejiga o que tengan hemorroides, cistitis, disentería, prostatitis o problemas renales; ni a mujeres embarazadas, ya que tiene acción abortiva. Las hojas en dosis demasiadas altas producen vómitos, gastritis, diarrea y nefritis. El jugo o acíbar fresco, obtenido por incisión de las hojas produce irritación en la piel.

En dosis elevadas es tóxico, actúa como purgante y produce cólicos, diarrea, hipotermia y debilidad general. La dosis letal es de 8g. Las molestias que pueda causar se contrarrestan si se toma conjuntamente con un antiespasmódico.

El 1% de la población es alérgica al Aloe Vera. Por eso, antes de realizar el tratamiento, frótese un poco de gel del Aloe sobre una zona pequeña de su piel y verifique más tarde que no tenga irritaciones o algún síntoma desfavorable en la zona aplicada. En caso que tenga reacciones desfavorables no prosiga con este tratamiento; antes bien, consulte con un médico o en su defecto hágase un análisis clínico para descartar cualquier alergia al Aloe Vera.

ALGUNAS CONCLUSIONES

Esta receta cumple funciones similares a la fórmula original del ESSIAC (es una mezcla de hierbas, con cualidades terapéuticas contra el cáncer y que sirve para hacer infusiones), porque ayuda a la limpieza de su organismo.

El uso de Áloe Vera, como hemos expuesto, es un sistema semidirecto para curarse del cáncer y, por tanto, una prevención efectiva, porque cuando usted limpie su organismo se hará realidad la cura del cáncer.

Recuerde también, que aplicar la receta con mucho criterio tiene que ver con la muerte o la vida de un paciente con cáncer y, ese paciente, puede ser un amigo/a, familiar, conocido/a, un ser querido/a o, simplemente, alguien que necesita de tu ayuda por el hecho de ser tu coterráneo.

PARTE V

COMO CURAR EL CÁNCER CON NONI

TESTIMONIO

"Mi experiencia personal con el 'Zumo de Noni', que vuestra receta recomienda, puede ayudar a curar el cáncer rápidamente, sin quimioterapia ni radiación, pero acompañado de algunos ajustes en la dieta…", era parte del mensaje de correo electrónico que recibí la mañana de 6 de noviembre del 2012, después de haber recomendado aquel 'Zumo Milagroso' con el cual, recientemente, dos de mis pacientes se encuentran también tratando su cáncer de seno y la otra de colon, respectivamente.

El Email que recibí era de España, de Ángel, quien el 2011 había visitado mi blog ya que se encontraba buscando información para evitar la quimioterapia y sus efectos secundarios. En su mensaje de correo, él me contaba que su padre y su madre tenían este mal, el primero cáncer de próstata y la segunda cáncer de mama.

Sin duda, cuando estábamos comunicándonos vía Google Talk, las preguntas que me hacía el señor Ángel resultaban bastante directas y puntuales, pues de por medio había un interés por aplicar el método del que yo hablaba en mi sitio web. Poco a poco, tomando algo más de confianza, sin cobrarle retribución alguna más que el de difundir la noticia si es que aquello resultare favorable en su caso, le revelé mediante chat cómo debía aplicar la información sobre el 'Zumo de Noni'.

Ángel tenía un cáncer de pulmón en etapa 4, con metástasis, según el diagnóstico del último escáner recibido, aunque de crecimiento lento. Sin embargo, su oncólogo le había recomendado la quimioterapia, antes que la radioterapia, a fin de retrasar su deceso todo lo posible pues aquella no curaba realmente el cáncer. Sin lugar a dudas, este tipo de resultados –como para cualquiera– debió de resultar angustiante y deprimente. Pero, nuestro paciente no se dejó llevar por aquellos resultados. Más bien, comenzó a buscar otras alternativas nada menos que en Internet a sabiendas de que en él podía encontrar informaciones que incluso podrían no ser ciertas.

Tiempo después, habiendo tomado el Zumo durante seis meses, fue a visitar una vez más a su oncólogo, en la ciudad de Rentería y, éste, al enterarse, no supo dar explicaciones y se limitó a decir que era un milagro que él siga tal como se encontraba la última vez, es más, sin dolencia alguna.

Entonces, nuevamente, se sometió a un examen exhaustivo para saber si el método aplicado ha surtido efecto. Le introdujeron una cámara por la nariz con una luz y tomaron las fotos de las regiones donde se encontraban los tumores, según el primer examen, pero la sorpresa fue grande cuando se emitió el resultado que decía: *"No hay evidencia de agentes tumorales"*. Recibir aquel resultado les causó tal alegría y emoción, en su familia y sus hijos, que inmediatamente me enviaron el mensaje por correo electrónico agradeciéndome y deseándome muchas bendiciones.

Yo también me alegré mucho por haber ayudado efectivamente a alguien, nada menos que a la distancia. Y mi mayor deseo es que estas alegrías se multipliquen cada día más y más, y que el método que va a conocer en seguida salve más vidas. No importa cuán lento o rápido pueda avanzar la ciencia médica en avalar los resultados de la medicina empírica, o alternativa, lo que sí importa es cuánto de utilidad puede tener esta información que trae este pequeño y gran libro para la salud de la familia humana.

EL NONI O MORINDA CITRIFOLIA

Noni o Morinda Citrifolia

El Noni, científicamente conocido con el nombre de '*Morinda citrifolia*' o como lo llaman en el Caribe Árbol Antidolor, pertenece a la familia de las rubiáceas o rubiaceae. Es una planta oriunda principalmente de las islas de Polinesia y Tahití, donde se utilizaba para curar varios tipos de padecimiento como: asma, alergias, dolores artríticos, problemas pulmonares, dolor de cabeza, constipación, problemas menstruales, fatiga crónica, tos, fracturas, problemas urinarios, diabetes, parásitos, gripe y fiebre.

El árbol da frutos durante todo el año, y su flor es de color blanca. La fruta madura es de aproximadamente el mismo tamaño que una papa grande, y tiene un color amarillo que se transforma en blanco al madurar. Tiene un sabor amargo y un olor desagradable, sin embargo es utilizado generalmente como suplemento dietético alimenticio por sus bondades nutricionales.

Composición alimenticia de la fruta de Noni

Un análisis general de los elementos alimenticios que compone la fruta de Noni, nos da los siguientes datos:

En 100g de Noni se tiene:		1 porción de 1200mg contiene:	
Fibra	36 %	Hierro	0.02 mg
Proteínas	5.8 %	Vitamina C	9.81 mg
Hidratos de Carbono	71 %	Calcio	0.88 mg
Grasa	1.2 %	Niacina	0.048 mg
		Sodio	2.63 mg
		Potasio	32.0 mg

Beneficios de la fruta de Noni

La fruta de Noni es famosa por sus características beneficiosas para la salud. Es un estabilizador del pH (Papiloma Humano), neutraliza la acidez, lo que hace posible la estabilidad de la función del páncreas, hígado, riñones, vejiga, sistema reproductor femenino, etc.

Por lo tanto puede ayudar a mejorar condiciones como la diabetes o hipoglucemia, colesterol, calambres menstruales, presión sanguínea alta o baja, gota, artritis, envejecimiento, caída de cabello, entre otros.

COMPONENTES NATURALES Y SUSTANCIAS QUE CONTIENE EL NONI

Alcaloides

La fruta de Noni contiene más de 10 diferentes alcaloides. Los alcaloides son compuestos que contienen nitrógeno y son de gusto amargo. Entre ellos tenemos:

Xeronina. Alcaloide que ayuda a las proteínas del cuerpo a funcionar correctamente con su acción en el núcleo de la célula. La Xeronina y la Serotonina estimulan el sistema inmunológico y como consecuencia hacen que las personas se sientan mejor, tengan más energía física y mental. Ayuda también a reducir adicciones al alcohol, al cigarro, y a otras drogas.

Oligosacáridos. Es un tipo de azúcar que estimula la producción de xerotonina, antidepresivo, analgésico, somnífero, combate la migraña.

Flavonoides. El Noni tiene 10 flavonoides diferentes. Los flavonoides son las sustancias de pigmentación de las frutas y los vegetales. Ayudan en la reparación de los capilares, son antiinflamatorios y antivirus.

Quercetin. Flavonoide que repara los vasos sanguíneos y es antiinflamatorio. Mejora las condiciones de las várices y las hemorroides.

Enzimas. El Noni es una rica fuente de una proteasa llamada bromelaína que retarda el envejecimiento del cuerpo. Ayuda en la digestión y absorción de nutrientes; es también antiinflamatorio; desinflama particularmente los órganos sexuales femeninos en condiciones como calambres, endometriosis, etc.

Neutralizador. Neutraliza el oxalato de calcio, que ayuda a eliminar las piedras en el riñón.

Antioxidantes. El Noni contiene varios antioxidantes que actúan impidiendo la acción de los Radicales libres causantes del envejecimiento.

Cicatrizantes. Diversos testimonios de médicos y pacientes aseguran que el Noni contribuye a la rápida cicatrización de heridas.

Antiflamatorio. Ingerido y usado típicamente (sobre la piel) el Noni reduce inflamaciones en la piel, acné, erupciones, etc.

Desintoxicante. Ayuda a eliminar toxinas del cuerpo.

Antiséptico. Ayuda a combatir infecciones.

Antiparásito. Ayuda a combatir todo tipo de parásitos.

Estos alcaloides están distribuidos en toda la planta, es decir, en las hojas, el tallo, las semillas, las raíces y los frutos.

El Damnacanthal

En la historia de la medicina antigua aparece el uso de las hojas de la planta de Noni con una finalidad curativa, es decir, para tratar el cáncer, las fracturas de huesos y problemas abdominales.

Las raíces de aquella planta se solían usar para teñir sus prendas de color rojo. Estos tintes eran posibles gracias al elevado contenido de antraquinonas de la corteza de la raíz de la planta. Sin embargo, el Damnacanthal es un tipo de antraquinona presente en el Noni que, aislado, ha demostrado poseer potentes propiedades anticancerígenas y que, hoy por hoy, se estudia como terapia complementaria en quimioterapia.

El Damnacanthal es un nutriente que se encuentra en las raíces de la planta Morinda Citrifolia. Este fitoquímico, en los experimentos in vitro del Dr. Heinicke en 1985, demostró que inhibe el crecimiento de ciertas células precancerosas, esto es, además de detener su crecimiento permite que la estructura de las células dañadas por agentes precancerígenas vuelvan a su normalidad.

De lo antedicho se concluye que el Damnacanthal, por el hecho de inhibir ciertos compuestos que degradan el ADN, está directamente relacionado con la prevención de las neoplasias de pulmón, el colon, el páncreas y la leucemia. Asimismo, estudios más recientes dicen que el Damnacanthal estimula la muerte de células cancerosas.

A las funciones del Damnacanthal sumamos el efecto que ejerce la Proxeronina que, en nuestro cuerpo, se transforma en Xeronina, alcaloide que aumenta la actividad del sistema inmunológico colaborando así en la prevención del cáncer.

Antioxidantes

Junto con el Damnacanthal y la Proxeronina, en la prevención del cáncer, también actúan sustancias como la vitamina C, que está presente en el fruto; la fibra, betacarotenos, tiamina y riboflavina, que colaboran en el potencial anti-tumoral del fruto.

La fruta de la planta de Noni puede actuar en la prevención del cáncer debido a sus propiedades antioxidantes capaces de proteger a las células del cuerpo de los radicales libres, causantes del envejecimiento, y de la oxidación de sus tejidos. La oxidación del cuerpo se produce por la actividad física, el estrés, y especialmente por los hábitos tabáquicos o alcohólicos, por ejemplo. Normalmente contrarrestamos estos efectos del cuerpo a través de antioxidantes naturales presentes en nuestra dieta, pues es imposible no generar radicales libres.

Cuando la dieta no aporta suficientes antioxidantes, o bien tenemos mucho estrés oxidativo (debido al nerviosismo, tabaquismo, alcoholismo, exposición solar abusiva, etc.) o bien acumulamos "radicales libres" en el cuerpo. El exceso de radicales libres hacen que las células muten y puedan llegar a formar cáncer. Una dieta rica en antioxidantes puede prevenir que se acumulen radicales libres, actuando desde la prevención en el tratamiento del cáncer. Sin embargo, hay otros tipos de cáncer de origen genético y desconocido en los que se sigue trabajando.

Aunque en el campo de la prevención o curación del cáncer aún se debe investigar mucho, todo parece apuntar a que el conjunto entre hábitos y estilo de vida saludable, acompañado de una alimentación saludable que incluya el consumo habitual de cereales, legumbres, frutas y verduras, son la base promotora de la salud del cuerpo y la prevención de las enfermedades oxidativas.

Finalmente, no debemos olvidar el siguiente epitafio: "la prevención es siempre tan importante como el tratamiento de la enfermedad".

EL ZUMO ANTICANCERÍGENO DE NONI

Como hemos podido observar, en lo referente a los alcaloides y el Damnacanthal, la totalidad de la planta de Noni es rica en vitaminas, minerales, antioxidantes, liberador de sustancias inmunológicas del cuerpo y potentes propiedades anticancerígenas, aunque éstas últimas se encuentran principalmente en sus raíces.

Sin embargo, veamos a continuación cómo podemos aprovechar el fruto de la Morinda Citrifolia y la planta misma ya que, la totalidad de la misma, tiene infinidad de propiedades curativas e ingredientes de gran valor nutricional.

Elementos básicos para elaborar el zumo de Noni

1 fruta favorita (de preferencia con fragancia fuerte como para contrarrestar el mal olor del Noni)
1 baya (la fruta entera) de Noni madura
½ litro de agua natural
Un contenedor hermético de vidrio
Miel o edulcorante natural (no procesada)

Instrucciones para la preparación del zumo

Lavar bien la fruta madura de Noni sin dañarle. Lavar también la fruta preferida para saborizar (por ejemplo: maracuyá, arándano, piña, uva, guayaba, etc.). Se recomienda no utilizar un saborizante artificial.

Posteriormente, picar ambas frutas en trozos y luego ponerlos en la batidora eléctrica o licuadora. Añadir agua natural, calculando la cantidad (puede que necesite un poco más de 1 litro). Agregar la miel o edulcorante natural a gusto. Finalmente, licuar todos los ingredientes por espacio de 2 a 4 minutos y vaciar en el contenedor hermético de vidrio y depositar en el frigorífico.

Las dosis a ingerir

Con relación a los achaques que tienen que ver con el sistema inmunológico, diabetes, colesterol, migraña, calambres y otros trastornos similares, o simplemente con fines preventivos de alguna de éstas, se aconseja beber la cantidad de una copa aguardentera, 15 a 30 minutos antes del desayuno, del almuerzo y de la cena, durante 15 días como máximo.

Después de los 15 días de tratamiento, deberá descansar por el lapso de una semana para que las propiedades del Noni hagan el efecto esperado en su cuerpo. Si aún se siente mal, después de la semana de descanso, puede seguir tomando por otros 15 días y así sucesivamente, hasta sentir mejoría.

Si es cáncer lo que está queriendo curar, tome en cuenta lo siguiente: beba el zumo durante 30 días, luego suspenda el tratamiento por el lapso de una semana y aproveche este tiempo para hacerse un examen médico con la finalidad de saber si la enfermedad siguió progresando o se detuvo.

En caso de que vea que en ese examen la enfermedad no retrocedió, entonces, aplique el tratamiento por otros 30 días y repita la instrucción anterior.

La dosis deberá continuar hasta que el cáncer retroceda y desaparezca.

ALGUNAS ADVERTENCIAS

Como el Noni es rico en potasio, esta receta no es aconsejable para enfermos renales o para aquellos que tienen comprometido el cáncer con sus riñones.

Actualmente el jugo de Noni se comercializa ya envasado y bastante mejorado, sin embargo su sabor es fuerte. La mayoría de jugos disponibles en el mercado son derivados de fermentos de Noni que no preservan el 100% de sus sustancias activas.

Muy pocos son elaborados a base de Pulpa de Noni que permite el aprovechamiento de toda su fibra.

El jugo se debe tomar en ayunas, ya que si se bebe con el estómago lleno el efecto benéfico disminuirá considerablemente.

Se recomienda beberlo treinta minutos antes del desayuno. A esta hora el jugo pasará rápidamente por el estómago hasta llegar al intestino, donde es convertido en enzima activa.

Para obtener los máximos efectos del ingrediente activo del Noni no se debe consumir, durante el tratamiento, los siguientes ingredientes: café, tabaco y alcohol. En caso de que esto se ignore, los efectos benéficos de la xeronina –presentes en la Morinda Citrifolia– disminuirán considerablemente.

PALABRAS FINALES

Como la enfermedad del cáncer se inicia en una célula que se muta o se cambia y que estos, a su vez, viajan por el resto del organismo, residenciándose en uno o más órganos del cuerpo, el Noni, debido a la sinergia de sus múltiples fitonutrientes –presentes en el Zumo– actuará como restaurador de las células anormales devolviéndoles sanidad y su normal funcionamiento.

Siendo esa la función de este maravilloso zumo, a nosotros nos corresponde administrarlo de forma correcta con la única finalidad de aprovechar al máximo sus beneficios.

PARTE VI

COMO CURAR EL CÁNCER CON HOJAS DE GUANÁBANA

TESTIMONIO

En el caso de la señora Juana, de México, que vive en San Francisco de Estados Unidos, desde temprana edad sintió algunos dolores leves en el pecho, toda vez que tenía su regla. Ese dolor leve, con el tiempo, fue agudizándose poco a poco al tiempo que su cuerpo fue adaptándose también a él.

Un día, al autoexaminarse, advirtió que –por la mañana, al despertarse– en su pecho izquierdo había una especie de bulto y una especie de sudor acuoso. Y durante el día, sea por el trabajo o por otras circunstancias, de pasar desapercibido pasó a ser advertido cada vez más frecuentemente.

Entonces acudió a un especialista para saber de qué se trataba. Pero éste le diagnosticó que tenía agentes tumorales en su seno izquierdo, no uno sino varios. Como todo paciente, se asustó mucho, aunque tenía un esposo que atender y que sus hijos ya eran personas mayores. Evidentemente no era para menos. Sin embargo, por entonces, tenía un compromiso que cumplir en Sudamérica, en Uruguay, donde debía salvar una conferencia como codirectora de MU (Mujeres Unidas). A su paso por Bolivia, visitó a su cuñada, una religiosa que tenía contacto conmigo. Esta religiosa, sabiendo que yo me dedicaba a investigar y tratar el cáncer, nos contactó y, entre charla y charla, vi que para ella tenía una respuesta concreta, la del Té de Guanábana.

Entonces nos pusimos manos a la obra. Ella fue a Montevideo y de allí pasó directo a San Francisco. No obstante, el seguimiento que hice con ella fue a través de Chat y Correo Electrónico, los cuales siempre fueron un medio efectivo para hacer un bien a otros. Y así es como logramos disipar sus tumores, hasta que no quedó nada según el último examen que ella se hizo. Sin duda, su fe, su disciplina, enjundia y coraje para luchar por su salud han tenido que jugar un papel muy importante, aunque previamente recibió una instrucción rigurosa a cerca de la aplicación del método que trae el libro. Le expliqué todos los detalles, de forma pormenorizada, ya que este producto natural puede tener efectos secundarios en ciertas personas y sin embargo es la más efectiva para curar el cáncer.

Por eso, al igual que con las anteriores, mi sueño es que mucha gente se beneficie de este método que no es costoso como la quimioterapia, aunque exige bastante disciplina a la hora de aplicar.

La medicina oficial, lamentablemente, siempre recomienda la extirpación del tumor o en su defecto la remoción del seno en su totalidad ya que esta región del cuerpo es más susceptible a la aparición de agentes tumorales.

No obstante, cualquiera que esté buscando curarse del cáncer –sin tener que acudir a los métodos agresivos que ha desarrollado la medicina oficial– pueda realmente lograrlo como esta paciente que en la actualidad lleva una vida normal. Ella es una mujer muy entregada a su trabajo y viaja constantemente. A veces está en España, otras veces en México, algunas veces también está en el Reino Unido, no pocas veces en Sudamérica, etc.

Así que tanto ella, como su familia, también yo, estamos felices de haber logrado que quizá el camino que propone la medicina oficial no hubiera logrado más que empeorar la situación o privarle de alguna parte de su cuerpo. Por todo eso y más, estimado lector, le invito a seguir leyendo lo que sigue pues aprenderá mucho sobre este bien que nos ofrece la naturaleza.

¿QUÉ ES LA GUANÁBANA?

Guanábana o Graviola

La *"Annona Auricata"*, nombre científico de la Guanábana o Graviola, o en su acepción inglesa *"soursop"*, pertenece a la familia de las anonaceae y es una fruta oriunda de las zonas tropicales de Sudamérica.

Ciertamente la Guanábana es una fruta muy rica en nutrientes y por eso aporta muchos beneficios al organismo.

Los efectos anticancerígenos del fruto del Guanábano han sido muy difundidos, sin embargo, no son éstas las únicas propiedades medicinales que contiene. En el árbol del Guanábano no existe desperdicio alguno ya que, casi al igual que sucede con la fruta de Noni, todos sus componentes presentan alguna utilidad.

Veamos, a continuación, esas propiedades que son altamente medicinales y beneficiosas para nuestro organismo.

PROPIEDADES MEDICINALES DEL GUANÁBANO

Con base en pruebas examinadas en laboratorio, de cada una de las partes de la planta de la Guanábana, presentamos las siguientes propiedades:

Anticancerígena: Previene y controla el cáncer cuando ya se padece en tan sólo 48 horas después de haber comenzado el tratamiento. Estas propiedades se encuentran en las hojas y en los brotes tiernos.

Antibacteriana, anti-ulcerosa y amebicida: Destruye las bacterias e impide que se multipliquen; facilita y ayuda a cicatrizar las heridas; combate las úlceras estomacales; elimina los parásitos (por ejemplo: la lombriz intestinal) y las amebas del organismo. Estas cualidades se encuentran en la corteza.

Antiparasitaria: Elimina los parásitos del organismo, especialmente en los niños. Estas propiedades se encuentran en las semillas y la corteza.

Galactógena: favorece la secreción láctea y es un buen alimento cuando la mujer está amamantando a su bebé, ya que estimula la producción de leche al consumir la fruta. Se encuentra en el fruto.

Antiespasmódica, antidiabética, vasodilatador y sedativa: Ayuda y previene las contracciones involuntarias de los músculos; aumenta la glucosa en la sangre previniendo así la diabetes; previene y corrige la mala circulación y los derrames; equilibra los nervios y relaja el cuerpo, contrarresta la malaria y sus síntomas. Estas propiedades se encuentran en las hojas.

Pectoral: Cura toda clase de enfermedades del pecho como el asma, bronquitis, entre otros. Se encuentra, principalmente en las flores.

Vermífuga: Elimina toda clase de clase de lombrices del organismo. Esta propiedad se encuentra en la corteza y las hojas.

Insecticida: Elimina los insectos molestosos como los mosquitos. Estas cualidades se encuentran en las hojas y la raíz.

Además de las mentadas propiedades aquí, el fruto del guanábano combate la hipertensión, los desórdenes del hígado y la proliferación de células tumorales. También es antidiarreico.

Entre todos estos atributos curativos de la planta de Annona Muricata, reside una particular propiedad que es utilizada en el tratamiento del cáncer. Este ingrediente básico para prevenir y curar el cáncer se llama 'acetogenina' y se encuentra en las hojas de la planta.

¿Qué son las acetogeninas?

Las hojas de guanábana tienen un alcaloide llamada *'acetogenina'* que, según expertos, es 10.000 veces mejor que la *'adriamicina'* (una droga quimioterapéutica).

Despúes de cada sesión de quimioterapia con 'adriamicina' el paciente sufre un considerable deterioro y se expone a: náuseas, vómitos, diarrea, fiebre, escalofríos, cansancio, agitación, caída de cabello, pérdida de peso, calambres y una serie de efectos secundarios. Y esto es debido a que la 'adriamicina' por su alto grado de toxicidad mata muchas células cancerosas junto con las células sanas.

En cambio, la 'acetogenina', debido a sus sustancias con propiedades antitumorales y anticancerígenas, tiene acción directa sobre las células cancerosas, es decir, inhibe selectivamente el crecimiento de las células cancerosas y tumorales que son resistentes a la 'adriamicina'. En otras palabras, la 'acetogenina' destruye selectivamente las células cancerígenas sin dañar las células y tejidos sanos. Por tanto, una administración adecuada y disciplinada de la fruta del Guanábano es muy recomendable para prevenir y curar el cáncer.

El fruto del Guanábano, aparte de prevenir y curar muchos tipos de cáncer, brinda también múltiples favores al organismo, ofreciéndole otros beneficios gracias a su rica composición química y nutricional.

COMPOSICIÓN QUÍMICA DE 100g DE GUANÁBANA

Entre otros componentes, el fruto de la Guanábana posee vitaminas, minerales y aminoácidos esenciales, muy importantes para la salud.

Cada 100g de Graviola contiene:			
Agua	82.2%	Riboflavina	0.06mg
Prótido	0.9%	Niacina	1.3mg
Proteína	1g	Triptófano	11mg
Lípidos	0.7g	Metionina	8mg
Glúcidos	60g	Lisina	60mg
Fibra	1,63%	Calorías	60g
Cenizas	0,73%	Sodio	14mg
Grasas	0,31%	Zinc	0.1mg
Hidratos de carbono	16.5g	Azúcares: (gluc., fruct.)	15,63%
Calcio	2.2mg	Magnesio	23,9mg
Fósforo	26.9mg	Citrulina (proteína)	
Potasio	270mg	Arginina (aminoácido)	
Hierro	0.64mg	Ácido caproico (lípido)	
Vitamina A	20g	Anonaine (isoquinolina)	
Vitamina B	0,07mg	Anoniile (isoquinolina)	
Vitamina C	28.5mg	Asimilobine (isoquinolina)	
Tiamina	0.10mg		

Esta múltiple y compleja composición de la Graviola no es sino fruto de la constante indagación de muchos especialistas, sobre este producto natural, con el objetivo de encontrar sus beneficios y propiedades curativas para el organismo.

La fruta en sí se ha consumido como tal, a veces en zumo y otras veces combinada con lácteos, pero también se ha ingerido en su versión reelaborada como licores, sorbetes y mermeladas.

Sin embargo, para lo que nos importa aquí, vamos a presentar a continuación una receta que tiene que ver con las hojas del Guanábano ya que son ellas la razón de esta propuesta medicinal para los que padecen de cáncer.

Las hojas de la Graviola tienen la cualidad de actuar directamente sobre las células cancerosas, sin afectar a las sanas. Su peculiar característica hace de ella un gran milagro para la salud general del cuerpo. Veamos la receta.

RECETA ANTICANCER EN BASE A HOJAS DEL GUANÁBANO

Ingredientes:

30 hojas secas de Guanábana
3 litros de agua hervida

Herramientas de uso:

1 ralladora o moledora manual o eléctrica
Una jarra de 3 litros, preferentemente de cristal

Elaboración:

Rallar las 30 hojas secas o moler en una moledora manual o eléctrica. Preparar una especie de té o mate en los 3 litros de agua hervida. Tapar la jarra con un platillo de porcelana o vidrio, durante 5 ó 6 minutos, mientras las propiedades de las hojas se diluyan en el agua.

Dosis de consumo

Ingerir el preparado de forma oral, como si fuera un mate o té, agua de tiempo, o simplemente como agua.

Se aconseja tomar, especialmente a enfermos oncológicos, 3 litros al día, durante el lapso de 7 u 8 días, dependiendo del grado de la enfermedad.

RECOMENDACIONES

Por ningún motivo debe tomar este preparado por más de 15 ó 20 días, puede ser contraproducente. Solo si su enfermedad está muy avanzada debe ingerir hasta 15 días.

Después de los 15 días es aconsejable someterse a un examen médico para saber el progreso o retroceso de la enfermedad.

Algunos pacientes suelen sentir el efecto curativo de este preparado en 48 horas, es decir, la aplicación surtirá efecto dependiendo del organismo de cada paciente.

Hacerse un examen médico será imprescindible, durante la semana de descanso, para volver a aplicar la siguiente dosis.

En caso de que tenga algunas reacciones un tanto negativas de su organismo, que es normal, no debe suspender el tratamiento; a lo mucho, tendrá que reducir la dosis paulatinamente hasta que su organismo se adapte a los agentes curativos del preparado. Una vez que su cuerpo se adapte, deberá aumentar hasta llegar a la dosis apropiada de 3 litros por día.

Finalmente, debe tomar muy en cuenta lo siguiente: esta última receta no es apta para aquellas personas que padecen del mal de Parkinson, pues podría ser contraproducente. Si usted viene de una familia, donde algún miembro sufre de este mal, esta receta – honestamente– no le recomiendo. Puede usted aplicar una de las anteriores para evitar futuras complicaciones.

PARTE VII

CONSEJOS PARA LA EFECTIVIDAD DE LAS RECETAS

PALABRAS PREVIAS

Para el funcionamiento óptimo de las recetas, expuestas en los anteriores apartados, es aconsejable ser muy disciplinado a la hora de implementarlas. La implementación disciplinada de cada receta garantizará la efectividad o no de las mismas. Así que todo dependerá del grado de disciplina que tenga el paciente.

Aparte de la disciplina será también conveniente replantear los hábitos y estilos de vida incluyendo, principalmente en su dieta cotidiana, aquellos productos orgánicos que le ayuden a procurar salud para su cuerpo y prevenir el cáncer y otras enfermedades oxidativas.

Para replantearse adecuadamente sobre los hábitos y estilos de vida que lleva, más su forma de alimentarse, deberá usted someterse a la observancia de ciertas exigencias básicas como las *cinco reglas de oro* que sin las cuales, por mucho que cambie su dieta alimenticia, no podrá reducir de un modo considerable su riesgo de padecer cáncer o curarse de este mal.

Veamos, seguidamente, esas cinco reglas de oro que deberá observar a como dé lugar.

LAS 5 REGLAS DE ORO ANTICÁNCER

Después de la disciplina, requerida por parte del paciente, es también aconsejable observar algunas regulaciones fundamentales concernientes a la dieta cotidiana para que las 3 poderosas recetas anticancerígenenas –que quizá ya los conocía– surtan efecto.

Entonces, puede que después de haber leído este libro comprenda que lo más importante es cambiar su forma de alimentarse y comenzar a preferir más los productos orgánicos. Tal iniciativa está muy bien, pero si no diversifica su alimentación, no podrá reducir su riesgo de padecer cáncer. De modo que, sin opción alguna, observe las 5 reglas de oro que a continuación las escribo y que también aconseja David Khayat en su libro *'La Biblia Contra el Cáncer'*.

Deje de fumar

Nunca es demasiado tarde para dejar de fumar. Si bien el vino no es cancerígeno desde el primer vaso, aún más, es saludable y recomendable para prevenir el cáncer en dosis apropiadas, el tabaco sí que lo es desde el primer cigarrillo. Por eso, ¡deje de fumar! Es lo más importante que puede hacer para mejorar su salud y para que su enfermedad deje de avanzar.

El tabaco es dañino para su organismo, especialmente para sus pulmones, incluso cuando ese cigarrillo es fumado por alguien que está a su lado. Ese poco de humo de tabaco que voluntaria o involuntariamente llegue a absorber puede ser mortal para usted. Aquellos que tienen la osadía de dejar de fumar, sin duda, se beneficiarán de las recetas que usted acaba de conocer, porque han de tolerar mejor la disciplina que requiere el tratamiento.

Por lo tanto, pase lo que pase, ¡no fume más! Y, al igual que usted, procure que sus hijos, por el hecho de ser jóvenes, tampoco fumen. Si es posible, ¡nunca lo intenten! Si a usted no le hacen caso, busque ayuda en programas específicos para tomar conciencia sobre los perjuicios que ocasiona el cigarrillo y sobre las ventajas del no fumar.

Diversifique su alimentación

Se suele decir: "comete todos los errores posibles, pero no cometas el mismo error". Este proverbio vale para comprender que se debe actuar de un modo correcto respecto al uso de los alimentos que ingerimos. El cáncer tiende a desarrollarse en un ambiente donde existe un consumo importante, a largo plazo, de un determinado alimento.

Ciertas cosas, como ciertos alimentos, bebidas, cigarrillos, etc., conforme vamos consumiendo repetidamente, terminan provocando en nosotros una adicción. Y ¿qué es lo que hacemos? Nos convertimos en adictos de un determinado producto. Cuando ya nos hemos hecho adictos, resulta difícil dejar ese hábito; nos aferramos a ellos. Pero ¿qué sucede? Lo que sucede es que sin esos productos no podemos sobrevivir. La vida nos parece insoportable. Pero entonces estamos, de la misma manera, dispuestos a desarrollar cáncer en nuestro organismo.

Debido a ese fenómeno que acabamos de describir, nuestro consejo es: ¡Diversifique su alimentación! No se prive de nada. Sólo ¡diversifique! Para ese propósito hemos preparado un libro de recetas, cuyo contenido es variado, con la finalidad de prevenir el cáncer. Esas recetas están

OHSLHO

preparadas con esa visión objetiva, repetimos, para que diversifique su alimentación. Así el cáncer no tendrá opción para desarrollarse en su organismo.

Yo conocí personalmente a una persona muy disciplinada en sus hábitos, muy metódico, sistemático en su forma de hacer las cosas, pero que uno de sus hábitos fundamentales y cotidianos era la de tomar café 5 veces al día. Y, conforme iba tomando, un día sintió algunos dolores en la espalda y fue al médico. El médico le diagnosticó cáncer en uno de sus riñones. El tumor se había apoderado tanto que no hubo otra alternativa sino la extirpación del órgano dañado. Pero, ¿qué paso? En cuanto fue extirpado, siendo maligno el tumor, se extendió por todo su cuerpo. Acto seguido, el médico le aplicó la quimioterapia y, una y otra sesión, bastó para que decayera totalmente. Después de poco tiempo, murió.

Es el fin que tiene la historia de las personas que acostumbran su organismo a necesitar de un mismo producto por mucho tiempo. De ahí la razón de nuestra recomendación: ¡diversifique su alimentación!, para no darle la oportunidad de desarrollarse al cáncer en su organismo. De modo que, "no cometa el error de comer lo mismo, aunque le guste".

Diversifique los modos de preparación

Son potencialmente cancerígenas ciertas comidas, cuyos compuestos son orgánicos, pero que suelen ser cocidos en contacto con las llamas de fuego. Por eso es preferible no cocinar con wok ya que su temperatura muy alta provoca un humo dotado de sustancias cancerígenas. Si usted es un chef que sufre de cáncer debe tomar en cuenta lo que acabamos de decir, porque son los cocineros los que terminan aspirando esas sustancias.

Prefiera por encima de todo preparar sus comidas al vapor o a fuego lento; será mucho mejor para su salud. Absténgase de toda clase de frituras, pero que esto no le impida hacer una o dos parrilladas de vez en cuando. El riesgo de contraer el cáncer está, precisamente, en que se convierta en un aficionado al churrasco y que prefiera comer sólo eso. ¡Diversifique sus modos de preparación! Utilizando poco aceite y de origen vegetal.

Consuma prioritariamente productos orgánicos y artesanales

Consuma productos artesanales, provenientes de la tierra y de una agricultura razonable, debido a su alto carácter beneficioso para la prevención de algunas enfermedades.

Por eso conviene que este libro se dé uso junto con las recetas anticáncer que vienen en otro volumen. Ese libro contiene muchas recetas, en base a productos orgánicos, de las cuales usted puede escoger y preparar el menú que prefiera. Igualmente, elija siempre productos con la menor cantidad de pesticidas, sean estos 'biológicos' o producidos por un agricultor razonable.

Lave siempre todos los productos antes de pelarlos y consumirlos, con abundante agua y jabón (el jabón es el que mejor elimina los pesticidas).

Adapte su balance energético

Adaptar su balance energético significa que ha de aumentar la actividad física y disminuir el consumo de calorías. Procure alcanzar un índice de masa corporal acorde a su estatura y su peso, es decir, bien proporcionado y equilibrado. Hoy en día existen unas máquinas sencillas de manejar para este efecto. ¡Aprovéchelo! De la misma manera procure evitar las comidas que tengan demasiadas calorías, es decir, grasas y azúcares. En este caso, los vegetales (frutas, legumbres y verduras) son siempre la mejor opción a los productos procesados.

¡Haga deporte! Mínimamente, haga una caminata todos los días durante 40 minutos, mejor si es una hora o más. De vez en cuando, después de darse un banquetazo, puede someterse a un régimen hipocalórico de un par de días para compensar. Correr un poco y sudar, de vez en cuando, será muy beneficioso, incluso para espantar afecciones de la mala conciencia, preocupaciones, estrés y otras molestias propias de la sociedad actual.

Así que coma con alegría y celebración; predisponga su cuerpo para disfrutar de sus comidas, sin obviar lo que más le gusta. Pero, en relación a lo que le gusta, tenga en cuenta que debe comer solo de vez en cuando. Siempre ocurre así: si una cosa le gusta y quiere disfrutar a lo grande, espere un tiempo considerable, luego disfrútelo porque habrá llegado su hora.

Ejercite su cuerpo en la danza, pues es salud del cuerpo; abandone las 'afecciones tristes', pues es la base de la celebración; aprenda a producir sus alimentos y a celebrar sus comidas, pues es la base de su medicina; adiéstrese en la 'alegría', pues es salud del alma.

LO QUE DEBE PREFERIR Y EVITAR EN SU DIETA COTIDIANA

La mejor forma de luchar contra el cáncer, la más económica y sin embargo la más eficaz, es la prevención. De ahí la importancia de este libro *'Cómo Prevenir o Curar el Cáncer'*. Según el Fondo Mundial para la Investigación del Cáncer (WCRF –sigla en su acepción inglesa–) el 34% de los cánceres se originan en los hábitos y los estilos de vida.

De lo antedicho, se concluye que para prevenir esta enfermedad debemos comprender que los responsables de la mayoría de los cánceres son: por un lado, nuestros comportamientos respecto a los alimentos que ingerimos; y por otro, nuestras preferencias por las comodidades y la vida sedentaria que, hoy por hoy, nos ofrece la vida.

Sin embargo, la medicina oficial –en su afán de eliminar el cáncer– solo ha logrado implementar algunos tratamientos agresivos como la cirugía, las radiaciones o la quimioterapia, casi sin tomar en cuenta la raíz de todos estos males. Y, por supuesto, no han tenido mucho éxito sobre la mentada enfermedad y que, precisamente, por eso, la estrategia más aceptable y mucho menos agresiva contra nosotros mismos sigue siendo la prevención.

Ahora bien, la mejor forma de prevenir el cáncer no tiene que ver solamente con la aplicación de las 3 recetas que trae este libro. No. Lo que debemos hacer es intervenir directamente en nuestro régimen alimenticio. Esa intervención, pero disciplinada, garantizará la efectividad de las 3 recetas poderosas sobre el cáncer. Para este efecto hemos confeccionado dos grupos de alimentos: los que deberá preferir y los que deberá evitar.

LOS 11 ALIMENTOS QUE DEBE PREFERIR Y UN CONSEJO QUE DEBE PRACTICAR

Entre los alimentos que ha de preferir están, especialmente, los antioxidantes, los antiinflamatorios y los que proveen fibra. Estos actuarán como defensores y guardianes de nuestro organismo.

El zumo de granada

La granada es conocida como una de las súper-frutas debido a su gran poder antioxidante y sus propiedades beneficiosas para la salud. Gracias a estos antioxidantes, la granada ayuda a frenar el proceso de envejecimiento y a mantener la piel sana.

Además, estos antioxidantes favorecen la circulación sanguínea y reducen la presión arterial, por lo que la granada ayuda a prevenir enfermedades del corazón y mantener una buena salud cardiovascular.

De la misma manera los investigadores también han comprobado que el zumo de granada ayuda a combatir el cáncer, alivia los síntomas de los trastornos estomacales, la osteoartritis y la conjuntivitis. Algunos especialistas aconsejan ingerir el zumo de granada industrial porque contiene más concentración de antioxidantes y de muy buena calidad.

La cúrcuma

La cúrcuma es uno de los antiinflamatorios naturales más potentes que existe. Debido a su potencial antiinflamatorio, estimula la apoptosis (muerte o extinción) de las células cancerosas reduciendo así el tumor.

Con toda confianza, la cúrcuma puede añadir en sus comidas preferentemente mezclándola con pimienta negra.

El té verde

El té verde por ser rico en '*polifenoles*' (antioxidantes que se encuentra en los vegetales) reduce el crecimiento de nuevos vasos sanguíneos, necesarios para el desarrollo del tumor y para la metástasis.

Este té, además de ser un antioxidante, es también un potente desintoxicante ya que activa las enzimas del hígado que eliminan las toxinas del organismo. También facilita la apoptosis de las células cancerosas.

Cada vez que desee un tecito o un matecito nada mejor que un té verde, muy recomendable para los enfermos de cáncer.

El vino tinto

Según algunos estudiosos el vino, consumido en pequeñas cantidades, de 2 ó 3 vasitos diarios, reduce el cáncer de próstata. Esto se debe a que la bebida contiene un antioxidante llamado '*resveratrol*' (antioxidante que se encuentra principalmente en la piel de la uva) que, entre otras cosas, reduce los niveles de hormonas masculinas, como la testosterona, que estimula el crecimiento de este tipo de tumores.

El vino tinto, además de tener compuestos de riesgo más bajos para ciertos tipos de cánceres y de enfermedades cardiacas, reduce la presión sanguínea, alivia el estreñimiento e incluso puede ser útil para la pérdida de peso.

El brócoli

El brócoli, como otras verduras de hojas verdes, está llenas de vitaminas y fibra. La clave de esta verdura está en su elevado contenido de '*isotiocianatos*' (compuestos azufrados que eliminan toxinas y refuerzan las defensas antioxidantes de las células). El gen p53, también conocido como el "guardián del genoma", se ocupa de mantener a las células sanas y evitar que se inicie el crecimiento anormal propio del cáncer.

Sin embargo, cuando el gen p53 se vuelve defectuoso su falta de control hace que las células anormales proliferen y den lugar al cáncer de pulmón, mama, colon, vejiga o linfoma.

Los isotiocianatos presentes en el brócoli, así como en el repollo y la coliflor, son capaces de eliminar la proteína del gen p53 defectuoso y dejar libres las proteínas sanas para suprimir el desarrollo de tumores. Por eso estos representan una triple amenaza contra el cáncer, ya que detienen algunas enzimas que promueven esta enfermedad y eliminan algunos carcinógenos potenciales de nuestro cuerpo.

Similar caso ocurre con otro compuesto que tiene el brócoli, los '*glucosinolatos*', que son compuestos azufrados de sabor picante o amargo y representan el mecanismo de defensa de las plantas. Estas sustancias son convertidas por nuestro organismo en isotiocianatos de los que ya hablamos.

Por tanto agregar el brócoli a su dieta, con total confianza, será como darle muchas defensas a su organismo.

El ajo, cebolla, puerro, cebolleta

Las propiedades antibacterianas y sus compuestos de azufre de la familia de las liliáceas reducen los efectos cancerígenos de las 'nitrosaminas' (ácidos estomacales que se forman a partir del consumo excesivo de frituras), que se generan en la carne churrascada y durante la combustión del tabaco.

Las liliáceas también promueven la apoptosis (muerte de células cancerígenas) en el cáncer de colon, mama, próstata, pulmón, estómago, boca y garganta, así como en la leucemia.

En algunos casos, especialmente en los pacientes que consumen bastante ajo, reduce el cáncer en los riñones. Asimismo el ajo, la cebolla, el puerro y la cebolleta, inhiben el crecimiento de las células cancerosas.

Para obtener su máximo rendimiento, especialmente del ajo, hay que cortar o aplastar el diente y comerlo crudo o apenas cocido. Si es que prefiere freír un poco deberá hacerlo en aceite de oliva combinado con curry y cúrcuma. Al igual que el ajo, todos los alimentos de la familia de las liliáceas brindan beneficios similares.

Los tomates

Los tomates cocidos o los preparados industrialmente, como las salsas o los zumos, son buenos aliados a la hora de prevenir distintos tipos de cáncer. Contienen 'licopeno' (es un pigmento vegetal, soluble en grasas, que aporta el color rojo a los tomates, sandías y en menor cantidad a otras frutas y verduras) que tiene la capacidad de inhibir la proliferación celular, al tiempo que posee un efecto anticancerígeno y antiaterogénico (es decir, viabilizador de conductos cuya cualidad es no dejar endurecerse), al intervenir en la comunicación intercelular y modular los mecanismos inmunológicos.

Además, el 'licopeno' que contienen los tomates, tiene un potente limpiador de los radicales libres. Curiosamente, el efecto es mucho mayor cuando los tomates están cocidos que cuando están crudos. Un hombre que consume 2 ó 3 veces a la semana, sea como salsa o zumo, puede prevenir con efectividad el cáncer de próstata.

Las fibras alimenticias

Las fibras son muy importantes como prebióticos (compuestos que el organismo no puede digerir) que, sin embargo, estimulando selectivamente el crecimiento de bacterias beneficiosas para nuestro organismo, pueden acelerar el tránsito intestinal, de forma que los productos potencialmente cancerígenos de los alimentos permanecen menos tiempo en contacto con la mucosa intestinal.

Así los prebióticos cumplen una función de estabilización del sistema inmune, principalmente, gracias a la presencia de las bacterias: *lacto-bacillus acidophilus* y el *lactobacillus bifidus*. Estas cumplen la función de inhibir el crecimiento de las células de cáncer de colon. Asimismo son muy buenos desintoxicadores.

Los yogures orgánicos y el kéfir son buenas fuentes de prebióticos, especialmente los yogures de soya por ser altamente fermentativos.

Ciruelas y melocotones

Los extractos de ciruelas y melocotones, debido a sus altas cantidades de fenólicos (compuestos orgánicos que afectan en el aroma, sabor, color y hacen de antioxidantes) inhiben la proliferación del estrógeno independiente MDA-MB-435 (nombre de una línea de células tumorales de cáncer de mama), destruyen las células de cáncer de mama, incluso las más agresivas, sin dañar a las células sanas.

Estas propiedades de las ciruelas y melocotones, según los investigadores de Texas (EE.UU.) en la revista *Journal of Agriculture and Food Chemistry*, podrían ser aprovechadas para desarrollar nuevos tratamientos de quimioterapia sin efectos secundarios.

Alimentos ricos en selenio

El selenio es un oligoelemento presente en la tierra. Las verduras y los cereales de agricultura orgánica contienen grandes cantidades de selenio.

Este mineral se encuentra también en el pescado, en el marisco, en los menudillos y en las asaduras. El selenio estimula las células inmunes y potencia los efectos de los mecanismos antioxidantes del organismo.

El selenio es uno de los pocos complementos que han demostrado su eficacia en la prevención del cáncer. Se puede encontrar en todas las farmacias y, por eso, es conveniente que si usted está interesado en este producto consulte con su médico de cabecera.

La quercetina

La 'quercetina' o 'quercitina' es un pigmento natural hidrosoluble que se encuentra en alimentos vegetales como las hojas de la cebolla, en la misma cebolla, la manzana, el vino tinto, el pomelo, el té verde y el té negro. También se encuentra en las alcaparras, el apio, el cacao y el pimentón.

Además de la propiedad de colorear los alimentos, la quercetina tiene un efecto antioxidante y antiinflamatorio. Por tanto, es un agente preventivo del cáncer muy eficaz, sobre todo para los fumadores. Anula varios agentes cancerígenos, previene el daño del ADN celular e inhibe las enzimas que fomentan el crecimiento tumoral.

Esas acciones antioxidantes, antialérgicas y antiinflamatorias, hacen de la quercitina un factor importante en el alivio de dolencias como el asma, rinitis alérgica, alergias al polen y polvo, eccemas, herpes, varices, problemas circulatorios, artrosis, artritis, infecciones virales y respiratorias así como para la prevención del cáncer.

El ejercicio físico

A su preferencia por los 11 alimentos que debe consumir, se aconseja añadir este otro: el *'ejercicio físico'*. El ejercicio físico juega un papel muy importante en la reducción del riesgo de recaída del cáncer.

Su intervención directa en el marco de un gasto energético resulta factible en su capacidad de mantener un índice de masa corporal satisfactoria.

La ausencia del ejercicio físico en un organismo podría desembocar en sobrepeso y obesidad, los cuales están estrechamente relacionados con varios tipos de cáncer: de la vejiga, colon, estómago, mama, endometrio, riñón y esófago.

La importancia de la actividad física radica en que cuánto más uno se mueve menos azúcares y lípidos se transforman en triglicéridos (en grasas). La transformación de los azúcares y lípidos es primordial ya que ayudan a mantener todas las funciones vitales de manera correcta. Es por eso que la actividad física, además de hacer perder peso o grasa, tiene también sus efectos en la inhibición de todos estos tipos de cánceres.

Finalmente, será muy beneficioso practicar gimnasia acuática, hacer caminatas, estiramiento muscular, yoga, Tai Chi, terapias de masaje, meditación, danza, y demás alternativas que ayudan al funcionamiento equilibrado del organismo.

LOS 10 ALIMENTOS QUE DEBE EVITAR EN SU DIETA

Evite, en lo posible, los siguientes elementos que son introducidos en nuestro organismo de forma voluntaria e involuntaria:

El tabaco y los licores

Sin ninguna opción, ¡evite el tabaco! porque, él solo, es responsable de cerca de 30 % de todos los cánceres existentes. Por eso, reitero, ¡evite fumar! Es más, ni lo intente.

De la misma manera que con el tabaco, ¡evite los licores! Los licores, ingeridos con frecuencia, pueden aumentar el riesgo de padecer ciertos tipos de cánceres (especialmente el cáncer de hígado). No supere nunca un consumo promedio de 30g de etanol diarios (equivalente a 2 copas cocteleras de vino).

Las grasas

La obesidad es una de las causas del sobrepeso y, éste, no es otra cosa que la consecuencia del consumo excesivo de grasas. Las grasas, cuyo efecto es la obesidad, generan desórdenes metabólicos relacionados con las hormonas que participan en el desarrollo de varios tipos de cáncer.

Muchos de los cánceres tienen mucho que ver con el excesivo consumo de grasas, tales como: el cáncer de estómago, esófago y mama. Por tanto, evite las grasas.

Los azúcares procesados

Los azúcares procesados no están directamente relacionados con el riesgo de cáncer, pero sí con la obesidad. Si esto es así, entonces los azúcares se convierten en una especie de combustibles para el crecimiento de los tumores. Así que evite los azúcares procesados (el azúcar común, las gaseosas, chocolates, etc.) y prefiera azúcares naturales.

El excesivo consumo de pez espada, atún, fletán y salmón

Las carnes de pez espada, fletán y salmón, consumidos a menudo, pueden tornarse cancerosos porque contienen demasiado metales pesados y tóxicos. Así que, por favor, evite consumirlo diariamente, tomando en cuenta que todo consumo repetitivo de algún alimento puede desembocar en la aparición de un tipo de cáncer.

Los lácteos

Especialmente si eres hombre (varón), evite los lácteos, sean leches o productos fermentados como el yogur y el queso. Estos productos son muy recomendables para los niños y las mujeres, en cambio, los hombres que tienen más de 50 años no deberían consumirlos porque las sustancias que tiene estos productos, por ser procesados, a la larga, pueden generar un tipo de cáncer relacionado con su condición de varón.

El beta-caroteno

Especialmente si usted fuma, o ha fumado, el beta-caroteno puede ser perjudicial para su salud. Investigue la composición de algunas frutas y hortalizas ricas en beta-carotenos y, en lo posible, evite consumir con frecuencia.

La vitamina E

Evite ingerir excesivamente la vitamina E. Está demostrado que esta vitamina, según los últimos estudios, aumenta el riesgo de contraer ciertos tipos de cáncer, especialmente, el cáncer de próstata.

Esta vitamina se encuentra en muchos cocteles vitamínicos que se venden en las farmacias y en internet.

El arsénico

El arsénico, los nitritos y los nitratos, presentes en ciertas aguas, industrialmente tratadas, deben evitarse porque son potencialmente cancerígenos.

A este respecto, se recomienda informarse sobre la calidad del agua que consume, leyendo las etiquetas; y si en su descripción aparecen los 3 elementos mencionados, no la consuma, pues son altamente cancerígenos tanto para hombres como para mujeres.

La carne roja

Evita la carne roja pues, ésta, consumida en demasiada cantidad, con grasa y demasiada cocida, podría ser contraproducente para su salud.

En lo posible elimine la grasa visible y lave la carne para que escurra la sangre. Cuézala al horno o hiérvala antes de consumirla.

¡Evite los churrascos! Los churrascos pueden tornarse cancerosos porque las carnes son cocidas a temperaturas muy altas, debido a las llamas y el humo que generan hidrocarburos aromáticos. Evite también comer carnes y comidas cocidas en wok, pues ocurre exactamente igual que con los churrascos.

Los fiambres ahumados

Los fiambres ahumados pueden aumentar el riesgo de contraer cáncer ya que, para su elaboración y conservación, se suelen agregar nitritos y nitratos (que son altamente nocivos para la salud).

Tienen también un efecto "engordativo" debido a la alta presencia de nitritos y nitratos absorbidos durante el proceso de cocción. ¡Evítelos! Pero, si es que prefiere siempre, consúmalos de forma ocasional.

Finalmente, debe usted tomar en cuenta que estas pistas concernientes a la alimentación, primordialmente entre lo que debe preferirse y evitarse, no quiere decir que usted debe convertirse en un vegetariano estricto sino, ante todo, debe evitarse los excesos. Ahí reside el secreto de la buena salud.

Es obvio que la principal estrategia dietética para reducir el riesgo de cáncer es convertir a las frutas y las verduras, de distintos colores y sabores, en nuestro firme aliado. Igualmente, será más que necesario cambiar algunos hábitos y seguir una dieta balanceada.

¿TIENE IMPORTANCIA CONSUMIR LAS FRUTAS Y VERDURAS SEGÚN SU COLOR?

La pregunta parece estúpida pero, tratándose de cáncer, nada menos con la intención de prevenir o curar esta enfermedad, consumir las frutas y verduras según su color tiene mucha importancia debido a que estas brindan a nuestro cuerpo muchos compuestos 'fitoquímicos' (sustancias que se encuentran en los alimentos de origen vegetal, biológicamente activas).

Ciertos fitoquímicos, según los especialistas que tienen que ver con las dietas, actúan de forma efectiva en determinados horarios relacionados con el acontecer de nuestro cotidiano vivir. Para este efecto, deberá consumirse de la siguiente manera:

Por la mañana

Consuma los productos amarillo-anaranjados y anaranjados, tanto la fruta en sí como en zumos. Estos productos tienen la virtud de inhibir las enzimas que estimulan el desarrollo de los cánceres.

Los amarillo-anaranjados contienen flavonoides, cuyas propiedades son antivirales, antiinflamatorias y antioxidantes. Los flavonoides son polifenoles capaces de acelerar el metabolismo de las sustancias carcinógenas. Uno de los flavonoides es la quercetina, que se encuentra en el apio del monte, los pimientos amarillos, las alcaparras y el cacao. Las naranjas, el pomelo, limón, mandarina, clementina, albaricoque, melocotón, nectarina, papaya, pera, piña y uvas blancas, aportan también muchos bioflavonoides a nuestro organismo.

Entre los anaranjados, que aportan beta-caroteno a nuestro organismo, tenemos: el mango, la zanahoria, la batata, el albaricoque y la calabaza. Estos betacarotenos son poderosos antioxidantes que en nuestro cuerpo se transforman en vitamina A. Esta vitamina interviene en la diferenciación celular, la regulación de la proliferación celular y la síntesis hormonal.

Estos productos, debido a sus compuestos liposolubles, al ser consumidos por la mañana, son capaces de actuar en contra de los cánceres de la zona bucal, del pulmón, del esófago, del cuello uterino y de la próstata.

Durante el día o al medio día

Al medio día o durante el día, prefiera consumir los alimentos rojos y los blancos. Las frutas y verduras de color rojo contienen licopeno, perteneciente a la familia de los carotenoides, y tienen poderes antioxidantes. Estos poderes antioxidantes se encuentran en los tomates, las sandías, la guayaba, el pomelo rosa, las fresas, las cerezas, las alubias rojas, la remolacha roja, la manzana roja, la cebolla roja, los arándanos rojos, la lombarda y las frambuesas.

Estos productos, una vez ingresado a nuestro cuerpo, desempeñan un papel importante en la comunicación intracelular. Previene sobre todo del cáncer de próstata y reduce el riesgo de padecer otros cánceres de la zona bucal, el esófago, el estómago y el pulmón.

Por su parte, entre las frutas, hortalizas y cereales de color blanco se encuentra la soya que es rica en fitoestrógenos. Según los especialistas el consumo de soya puede reducir el riesgo de cáncer de mama y el cáncer colorrectal en las mujeres menopáusicas. Igualmente actúan como poderosos inhibidores de las enzimas procancerígenas procurando la opoptosis de éstas.

Los rábanos, los rábanos picantes y la achicoria, también son productos anticancerígenos. Pueden reducir el riesgo de cáncer de estómago en un 30 % a 40 %. Debemos también incluir en nuestra dieta durante el día, en especial en la comida del medio día, el ajo, la cebolla y sus derivados. Estas hortalizas contienen alicina, que es un poderoso antioxidante, antiviral, anticarcinógeno y bioinactivador.

Incluir en nuestra dieta las frutas y las hortalizas es sinónimo de salud, ya que existe un vínculo real entre el consumo de estos productos y la prevención de los diferentes tipos de cáncer.

Por la noche

Evite comer los alimentos rojos, violetas y azules, y consuma frutas y hortalizas de color verde. Los productos de color verde contienen glucocinolatos, derivados de los aminoácidos que contienen azufre y pueden transformarse en isotiocianatos y en indoles.

Los glucocinolatos cumplen la función de activar las enzimas implicadas en la bioinactivación de las células cancerígenas, la inhibición de enzimas que modifican el metabolismo de las hormonas esteroides (que son cancerígenas) y la protección contra daños oxidativos. Estas virtudes intervienen en la reducción del cáncer de la zona bucal, el esófago, el estómago y el pulmón.

Por su parte, los indoles se encuentran en las coles o los repollos que se caracterizan por contener en nivel elevado el ácido fólico y clorofila. Según los estudiosos de la materia, el ácido fólico protege del cáncer de páncreas y la clorofila estaría comprometida en la bioinactivación de la hemoglobina (compuesto de la sangre). Por eso se dice que siempre se debería comer las carnes acompañada con verduras verdes.

Entre estas verduras apropiadas para la noche figuran: el brécol, la coliflor, el brócoli, col, coles de Bruselas, col rizada, col china, colinabo, berro y nabo.

Como se puede observar, lo que acabamos de anotar en los anteriores párrafos no hacen justicia a la totalidad de las propiedades de las verduras y hortalizas que, bien utilizadas y tomando en cuenta su color para beneficio de nuestro organismo, se pueden convertir en nuestras aliadas insoslayables a la hora de aplicarnos o recomendar a nuestros seres queridos una dieta cotidiana si es que estamos con la intención de prevenir o curar una enfermedad mortal como el cáncer.

En caso de que quiera curar la enfermedad que aquí nos importa, aplique los '*dos planes fundamentales para la curación del cáncer*' que a continuación le presentamos.

LOS 2 PLANES IMPORTANTES PARA LA CURACIÓN DEL CÁNCER

PLAN DE 3 DÍAS DE AYUNO PARA LA LIMPIEZA DEL ORGANISMO Y LA ELIMINACIÓN DE TOXINAS

3 DÍAS DE AYUNO	LUNES	MARTES	MIÉRCOLES
PROPÓSITO DEL DÍA	Pida a Dios, a la Vida, a la Existencia o a la Naturaleza, dependiendo de la religión que profese, la oportunidad de darle significado a la vida de alguien. Permanezca alerta esperando esa oportunidad. Cuando la oportunidad se presente, tan pronto lo perciba, haz un bien a ese alguien conforme lo vea conveniente.	Repita el propósito del **Primer Día.**	Repita el propósito del **Primer Día.**
PREPARACIÓN DEL JUGO	Comienza preparando un jugo especial de zanahorias y manzanas (50 y 50%), calculando que deberá usted tomar hasta las 2:00 pm., siempre que tenga sed o hambre.	Prepara un jugo especial de granada, apio y perejil (50% de granada, 35% de Apio y 15% de perejil), calculando que deberá usted tomar hasta las 2:00 pm., siempre que tenga sed o hambre.	Repita la instrucción del **Segundo Día.**
HORA DEL DESAYUNO	En 1 vaso de jugo, agregue una cucharada de enzimas digestivas, mézclelas bien y beba con calma, saboreándolo.	Repita la instrucción del **Primer Día.**	Repita la instrucción del **Primer Día.**
MEDIA MAÑANA	Beba 1 vaso del jugo preparado por la mañana.	Repita la instrucción del **Primer Día.**	Repita la instrucción del **Primer Día.**
HORA DEL ALMUERZO	Tome 2 vasos del jugo preparado por la mañana	Repita la instrucción del **Primer Día.**	Repita la instrucción del **Primer Día.**
MEDIA TARDE	Tome 1 o 2 vasos de agua, según tenga sed.	Repita la instrucción del **Primer Día.**	Repita la instrucción del **Primer Día.**
HORA DE LA CENA	Coma 1 manzana verde (orgánica), mediana.	Coma 1 pera (orgánica), mediana.	Coma uvas verdes (de origen orgánico).
ANTES DE DORMIR	Tómese un baño tibio durante 15 minutos añadiéndole 8 gotas de aceites esendales.	Repita la instrucción del **Primer Día.**	Repita la instrucción del **Primer Día.**

NOTA IMPORTANTE: El *'PLAN DE AYUNO DE 3 DÍAS'* es muy importante para la limpieza del organismo y la predisposición del mismo para recibir el tratamiento. Por tanto, la efectividad del tratamiento dependerá de estos primeros 3 días de ayuno importantes.

Después de esos 3 primeros días, toda vez que su organismo ya esté limpio de toxinas, usted deberá aplicar el *'PLAN SEMANAL ANTICANCERÍGENO'* durante los siguientes 10 a 15 días de tratamiento en base a cualquiera de las 3 propuestas del libro *"Cómo Prevenir o Curar el Cáncer"*.

PLAN SEMANAL ANTICANCERÍGENO – LISTA DE 'PRODUCTOS BASE' PARA PREPARAR SUS ALIMENTOS DURANTE EL TRATAMIENTO

SEMANA	LUNES	MARTES	MIÉRCOLES	JUEVES	VIERNES	SÁBADO	DOMINGO
DESAYUNO	Biogurt sin azúcar (mejor si es casero) con Pan integral	Leche de almendras o de avena con pan integral y miel	Zumo de brócoli, apio, jengibre, cúrcuma, manzana, uva negra	Zumo de zanahoria con apio, alfalfa y hojas de té verde	Zumo de plátanos, fresas, espinacas con agua	Zumo de Manzana, pera, apio y perejil con agua	Zumo de Kiwi, espinacas, manzanas, frutos secos con leche de arroz o avena
MEDIA MAÑANA	Zumo de granada con un ramito de apio y alfalfa	Zumo de naranja con porción o rama de hinojo	Zumo de kiwi con pomelo rosa	Zumo de uvas negras con berro y ramita de cilantro	Zumo de arándanos con frambuesas y ramito de apio	Zumo de granada con hojas de menta	Zumo de grosella negra con nueces y un ramito de perejil
ALMUERZO	Bacalao (fresco), garbanzos de Pedrosilla, cebolla, zanahoria, ajo, hojas de laurel, pimiento, aceite de oliva, perejil, sal	Quinoa, pimentón rojo, cebolla, brócoli, zanahorias. brécol (se pueden añadir otras verduras), pimienta, cúrcuma, aceite de oliva, sal	Gambas, perejil, pimentón rojo, ajo, cayena, aceite de oliva o coco, sal	Pechuga de pollo, alcachofas, zanahorias, cebolla, guisantes, patata, lechuga iceberg, coles, habas, caldo de pollo, aceite de oliva, sal	Ostras marinas, cebolla fresca, aceitunas verdes, cebollino picado, alcaparras, aceite de oliva	Cebada, zanahorias, calabacín, ajo, almendras crudas, cebollino, aceite de oliva o coco, sal	Pescado merluza (en filetes), tomates, perejil, ajo, cúrcuma, pimienta, aceite de oliva, limón, sal
MEDIA TARDE (frutos enteros)	Arándanos, uvas negras, fresas	Frambuesas, pomelo rosa, ciruelas	Cerezas, kiwi, uvas negras	Moras, fresas, arándanos	Pomelo rosa, uvas pasas, ciruelas pasas	Frambuesas, moras, fresas	Arándanos, uvas negras, kiwi
CENA	Avena, acelga, cebolla, zanahoria, nabo, col, ajo, aceite de oliva, sal	Arroz, zanahoria, pimentón, perejil (otras verduras), aceite de oliva, sal	Caldo de pollo, ajo, cebolla, hierba buena, zanahoria, brócoli, champiñones, pimentón, ajo, cebolla, pimentón, apio, col, lentejas, cilantro, chayote, epazote, repollo	Espárragos, pimentón rojo verde, cebolla, ajo, tomates, ajo, cúrcuma, aceite de oliva, sal	Caldo de pollo, queso vegetal, cebolla, tomate, epazote, ají verde, ajo, espinacas, sal	Caldo de verduras, guisantes, cebolletas, yogurt natural, pimienta, sal	Caldo de pescado, quinua, papas, arveja, cebolla, zanahoria, orégano, cúrcuma, perejil, sal
PARA DORMIR	1 manzana roja (orgánica), 1 hora después de haber cenado	1 manzana verde (orgánica), 1 hora después de haber cenado	2 kiwis, 1 hora después de haber cenado.	1 pera (orgánica), 1 hora después de haber cenado	1 granada, 1 hora después de haber cenado	Uvas verdes, 1 hora después de haber cenado	2 kiwis o manzana verde (orgánica), 1 hora después de haber cenado.

"Afortunados son los no fumadores y los no bebedores, los que aprovechan los frutos límpidos de la Madre Tierra y los que practican la danza razonable, porque ellos heredarán el Reino de la Salud".

CONCLUSIÓN

Si ha leído con atención todas las páginas de este libro, que son realmente breves, se habrá percatado de cómo está relacionada nuestra forma de alimentarnos con el riesgo de padecer los diferentes tipos de cáncer.

En solo siete capítulos hemos procurado simplificar y hacer comprensible la información básica acerca de *Cómo Prevenir o Curar el Cáncer* con los 3 métodos probados, cuya aplicación disciplinada devolvió la salud a muchas personas que fueron diagnosticadas de padecer este mal.

Sin duda, la información que presenta este libro tiene gran cantidad de indagación referente a los síntomas precancerosos y cancerosos; la forma de incluir en nuestra alimentación algunos productos que nos ayudarán; y la implementación de ciertos hábitos de vida, con la finalidad de combatir el cáncer de forma efectiva.

Indudablemente, el aporte del libro *Cómo Prevenir o Curar el Cáncer* es incalculable, pues lo que fue útil para mí y para las personas que han probado los 3 métodos está contenido en él. Ciertamente el libro enseña que, con la información de este texto, usted tiene el remedio en las manos para reducir su riesgo de padecer cáncer o, si ya lo padece, usted tiene lo que necesita para curarse de forma efectiva si es que observa la disciplina que ella requiere. Si ese es el caso, puede comenzar a olvidarse del eventual sometimiento a las agresiones de la quimioterapia y de la cirugía.

Por lo demás, mi encuentro con diversas personas enfermas de cáncer y otros que se han librado de este mal, la investigación de libros, revistas y páginas webs, la lectura de innumerables artículos en Internet, han procurado la creación de este pequeño y gran libro cuyo contenido es invaluable.

Asimismo, las actitudes de rechazo a los alcances de la medicina oficial respecto al cáncer, por cierto, a la hora de volcarse por los productos que nos ofrece nuestra querida Tierra, a mi modo de ver, son producto de la ignorancia ya que no hay forma de saber el progreso o retroceso de la enfermedad sino a través de un profesional o los resultados de un laboratorio que ha procurado el avance de la ciencia. Por este motivo, recomendamos ampliamente el diagnóstico médico después de cada etapa de aplicación de uno de los 3 métodos que ofrecemos en este libro.

De la misma manera, estoy convencido de que si utilizamos de una forma razonable lo que nos brinda la ciencia y los beneficios que nos provee la Tierra, podremos también superar las dolencias que nos impone una enfermedad de una talla mayor como el cáncer. Que así sea, solo depende de cuánta energía estamos dispuestos a invertir en nuestra salud y en la de nuestros coterráneos que también están a la espera de cuánto podemos ayudarles.

BIBLIOGRAFÍA
COMPLEMENTARIA

Elmer Huerta, *La Salud ¡Hecho Fácil!*, Pengüin Group U.S.A. 2012.

Pilar Riobó – Sergi Arola, *Comer Bien para Evitar el Cáncer*, Ed. Planeta, Bogotá 2012.

Siddhartha Mukherjee, *El Emperador de Todos los Males*, Prisa Ediciones, México 2011.

David Khayat, *La Biblia Contra el Cáncer*, Ed. Planeta, Bogotá 2011.

Fondo Editorial Ediciones Mirbet S.A.G., *Cáncer: Lo Que Debe Saber*, Lima 2011.

Alejandrina Cachicatari V., *Sanar, un Reto, un Camino*, Ed. Kipus, Cochabamaba 2010.

Equipo Editorial Nóstica, *Cómo Cuidar tu Salud con Dietas*, Lima 2009.

Equipo Editorial Nóstica, *Cómo Tener al Médico en Casa*, Lima 2009.

David Servan-Schreiber, *Anti Cáncer*, Ed. Planeta, Bogotá 2008.

Jordán Rubin y Joseph Brasco, *La Receta del Gran Médico para el Cáncer*, Ed. Betania, Nashville, Tennessee 2006.

Gianluca Bruttomesso y Daniele Razzoli, *Prevenir el Cáncer con una Buena Alimentación*, Ed. Amat, Barcelona 2005.

Marianne J. Legato, *La Costilla de Eva*, Ed. Aguilar, México 2003.

Javier Mahillo, *Vivir con Cáncer*, Ed. Espasa Galpe S.A., Madrid 2000.

Abel N. A. Canónico, Rolando D. Salinas, Diego L. Perazzo, María L. E. Mazzei, *Dieta y Prevención del Cáncer*, Ed. Lidiun, Buenos Aires 1991.

K. H. Bauer, G. Wagner y Otros, *Para Evitar el Cáncer*, Ed. Mensajero, Bilbao 1972.

Leonard B. Goldman, M.D., *Tratamiento del Cáncer*, Ed. Modesto Usón, Barcelona – Madrid 1967.

www.ingramcontent.com/pod-product-compliance
Lightning Source LLC
Chambersburg PA
CBHW032014170526
45157CB00002B/700